生活处处有拼布

生活处处有拼布

——50种简单易行的周末手工

[英]艾玛·哈迪（Emma Hardy） 著

赵佳荟　译

致敬

谨以此书献给教会我缝纫的亲爱的妈妈。

提示：

除特别说明外，本书中所采用的布料宽度均为135cm。

目 录 Contents

6 前 言

9 **第一章 休闲空间用品**
10 系带花卉抱枕
14 圆圈拼布抱枕
16 布条装饰抱枕
19 悠悠抱枕
20 花卉地毯
22 褶边装饰灯罩
25 花边窗帘
26 窗帘绑带
28 壁炉屏风

33 **第二章 厨房及餐厅用品**
34 茶壶保暖套
36 刀叉收纳袋
38 锅垫
40 餐垫与餐巾
42 纽扣装饰的餐巾环
44 流苏花边桌布
47 桌旗
50 菜谱书套

53 **第三章 卧室用品**
54 正反两面均可用的羽绒被套
58 丝带镶边床单
61 印花布镶边枕套
62 小公主的床上套装
66 拼布床罩
70 糖果抱枕
72 软垫床头板
76 花朵毛毯
79 花朵与绿叶灯罩
80 丝带镶边超薄窗帘

83 **第四章 工作及玩耍区域用品**
84 抽绳玩具袋
86 花布衬里储物篮
90 布艺门挡
95 缝纫工具包
99 布艺收纳盒
103 留言板
105 布边相框
106 坐垫
109 布艺卷帘

113 **第五章 洗涤及浴室用品**
114 烫衣板布套
116 毛巾浴垫
120 布边毛巾
122 抽绳洗衣袋
126 衣夹收纳袋
128 丝带纽扣点缀的熏衣草香包
131 包布衣架
132 半截帘

135 **第六章 户外用品**
136 花园长椅坐垫
140 有褶边的田园风格椅垫
144 遮阳篷
148 儿童帐篷游戏屋
153 野餐垫
156 宠物篮

161 **缝纫技巧以及图样**
162 缝纫技巧
166 图样

173 **特别鸣谢**

前言 Introduction

当我还是个孩子的时候，就很喜欢缝缝补补了。那时，我跟着妈妈学会了基本的针法，并亲手为洋娃娃们做了许多衣服、毯子和礼服。等我长大一些后，学会了使用缝纫机，就开始给自己做衣服。我喜欢缝纫，因为在这一过程中我可以设计属于自己的、独一无二的作品，并借此来表达自我。

时至今日，我依然很享受这一创造的过程。然而，随着生活节奏的加快，我的时间没有那么充裕了。基于这一点，我把 50 个简单易行的设计方案集合在一起，写成这本书。床单、抱枕、窗帘、储物箱、桌布……这些漂亮而实用的小物件，都是只需要几个小时就可以搞定的。你需要的仅仅是最基本的缝纫工具和一台缝纫机而已，并且多数物品制作方法都很简单，哪怕是新手也能顺利完成。但我写这本书的初衷是希望无论你是骨灰级的拼布达人，还是刚刚接触拼布的新手，都能从这本书中获益良多。

本书中所有的精美插图都配有详细的文字说明，这样你就可以根据插图和文字一步一步地完成作品了。每件作品都会注明建议完成的时间，当然，这仅仅是个建议而已，具体的完成时间要视熟练程度和缝纫技巧而定。本书的最后部分还介绍了在制作这些作品时可能要用到的基本缝纫技巧以及制作过程中需要用到的图样。

选择布料时，请尽量选择那些和家居风格相衬的布料，给家人或朋友做礼物时也要尽量选择适合他们个人风格的布料。精心搭配颜色，选取式样和原料，收集你喜欢的丝带、编织物或者古老的纽扣吧，这样一来，你的作品在细节上也会变得更加完美。无论是在手工缝纫店，还是在各种各样的网店，你都可以找到琳琅满目的原料。最后，我希望这本书能给你带来些许灵感，为你打开通往拼布创作之路的大门。

第一章

休闲空间用品

系带花卉抱枕

制作时间：1.5 小时

美丽的花卉抱枕可以给你的沙发增添一丝清新可爱的气息。我在制作这款抱枕时，正反面选用了同一种布料。你也可以分别选取不同的布料制作正反两面，这样一来，只需翻个面儿，你的沙发就能呈现出另一种感觉了。

此款抱枕的制作方法非常简单，不需要缝制拉链或纽扣，用布条系牢即可。为了节省时间，也可以用丝带来取代布条。

材料及工具
长70cm的印花布
缝纫机以及粗细合适的缝纫线
45cm见方的抱枕芯

注意：除特别说明外，本作品均需留出1.5cm的缝份。

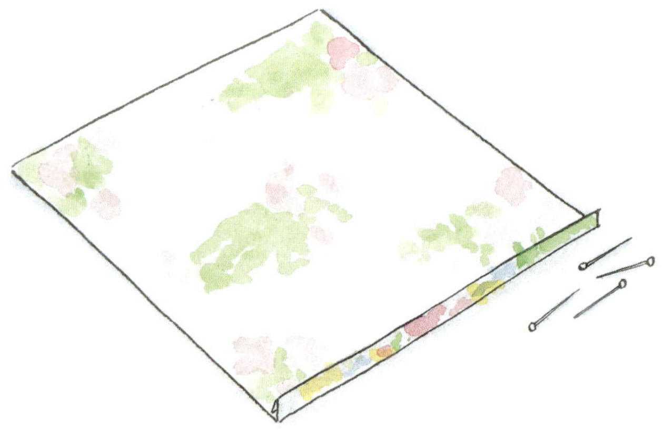

1. 裁一块 49cm×48cm 的布料。将其中一条短边先往里翻折 1cm，再往里翻折 1.5cm，然后机缝。

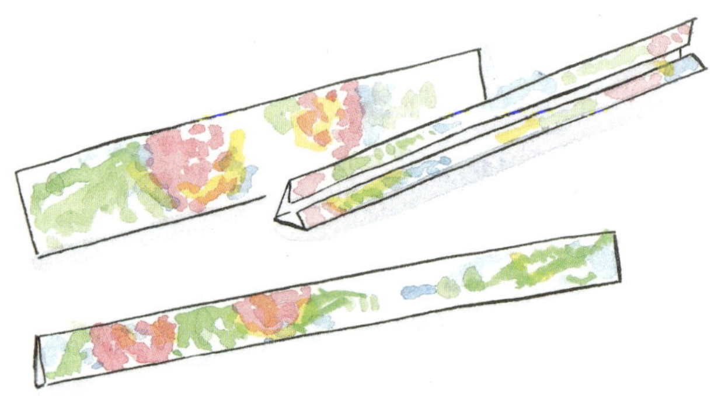

2. 裁四块 7cm×25cm 的布条。纵向对折，使其反面相对，压出折痕并展开，将布的反面朝上，两条长边分别往里翻折 1.5cm，压平。沿着其中一条短边，往里翻折 1.5cm，压平。

3. 沿着中间的折痕再次将布条对折。如图，将布条的长边和其中一条短边机缝，车线要尽量靠近布的边缘。

4. 裁一块 48cm×19cm 的布料。布的反面朝上，将其中一条长边先往里翻折 1cm，再往里翻折 1.5cm，用珠针固定并机缝。

5. 裁一块 48cm 见方的布料。如图，布的正面朝上，将步骤 4 中的长方形布料正面朝下放在它的上方，长的毛边与正方形布料任一条边对齐，用珠针固定。如图，将步骤 3 中缝好的两根布条插于两片布之间，布条与两个角的距离分别为 12cm，用珠针固定并机缝，劈开缝份。

6. 将步骤 5 中的成品反面朝下放在工作台上，将步骤 1 中的成品正面朝下放在它的上方，缝份与缝份对齐。

7. 将与底层布相连的小块布向上翻折，盖在大布块的上方。其余三条边先用珠针固定，再机缝。最后，将抱枕套的正面翻出来。

8. 将其余两块布条沿毛边分别折叠 1.5cm，缝在抱枕正面的另一块布上，与之前的两块布条对齐。缝完以后，将抱枕套熨平，塞进抱枕芯，再将相对的布条系成漂亮的蝴蝶结。

材料及工具

圆规、铅笔以及图样纸
长25cm的各种布料（用以剪裁圆圈）
长50cm的原色亚麻布
45cm见方的抱枕芯
长35cm的拉链
缝纫机以及粗细合适的缝纫线

圆圈拼布抱枕

制作时间：2 小时

此款抱枕以素色亚麻布为背景，用喜欢的布料裁出彩色圆圈点缀在上面，将给你带来无比愉悦的好心情。在选取点缀的布料时，你只要随心所欲地根据自己的喜好选择就好。采用之字形缝纫针法，圆圈边缘就不会脱线啦！

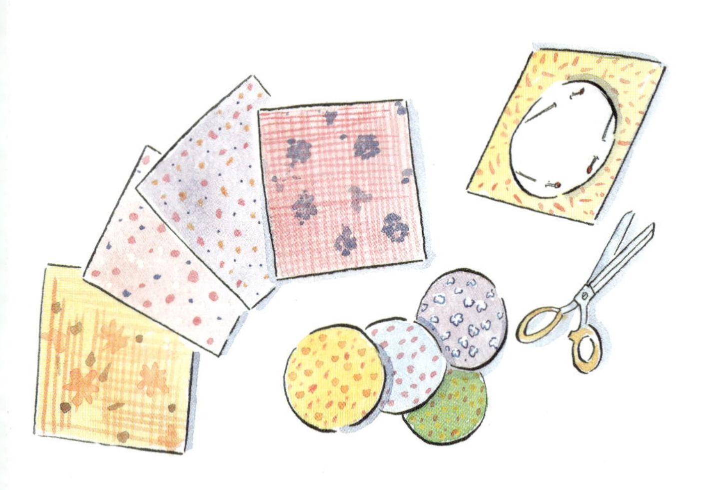

1. 用圆规在纸上画出直径为 13cm 的圆，裁下来作为纸样，用珠针将其固定在选取的花布上，裁九块图案不同但大小相同的圆圈。

2. 裁两块 48cm 见方的亚麻布，将其中一块正面朝上放在工作台上，把裁剪好的圆圈在上面摆好，圆圈与圆圈之间留出 1cm 的空隙，圆圈距亚麻布边缘 3.5cm。用之字形的缝纫针法将圆圈缝在亚麻布上，车缝线要尽量靠近圆圈边缘。

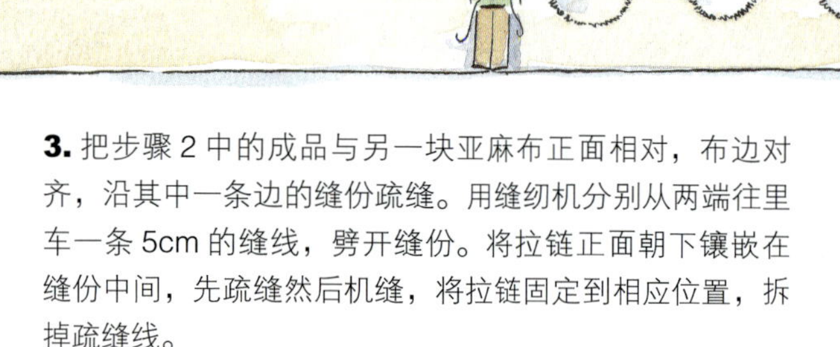

3. 把步骤 2 中的成品与另一块亚麻布正面相对，布边对齐，沿其中一条边的缝份疏缝。用缝纫机分别从两端往里车一条 5cm 的缝线，劈开缝份。将拉链正面朝下镶嵌在缝份中间，先疏缝然后机缝，将拉链固定到相应位置，拆掉疏缝线。

4. 继续使两片亚麻布正面相对，先用珠针固定，再用缝纫机把其余的三条边缝好。如图，修剪多余的边角，把拉链拉开，将抱枕套的正面翻出来，塞进抱枕芯。

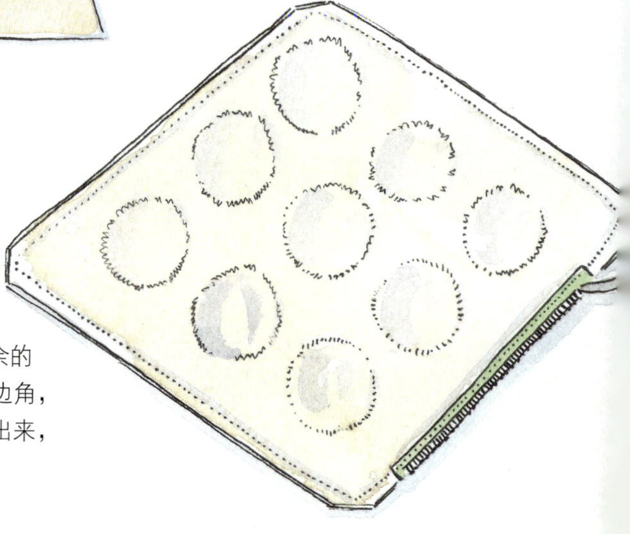

布条装饰抱枕

制作时间：2 小时

做手工时剩下的边角布料就像鸡肋，食之无味，弃之可惜。这个抱枕就能巧妙地把平时积攒下来的“鸡肋”通通消化掉。我们平时只需要把颜色相近的边角料积攒起来，就能做成令人眼前一亮的漂亮抱枕套了。做出来的抱枕，时髦而高雅，根本没人会想到它是“变废为宝”之作。

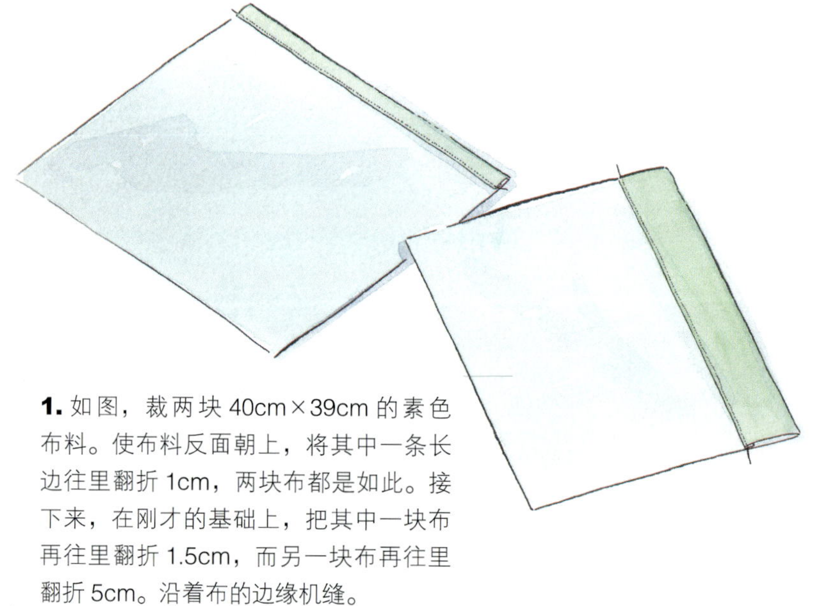

材料及工具
长50cm的素色布料
颜色相近的各种布条（布条的宽度最好不同）
缝纫机
粗细合适的缝纫线
35cm×50cm的抱枕芯
三颗纽扣

注意：除特别说明外，本作品均需留出1.5cm的缝份。

1. 如图，裁两块 40cm×39cm 的素色布料。使布料反面朝上，将其中一条长边往里翻折 1cm，两块布都是如此。接下来，在刚才的基础上，把其中一块布再往里翻折 1.5cm，而另一块布再往里翻折 5cm。沿着布的边缘机缝。

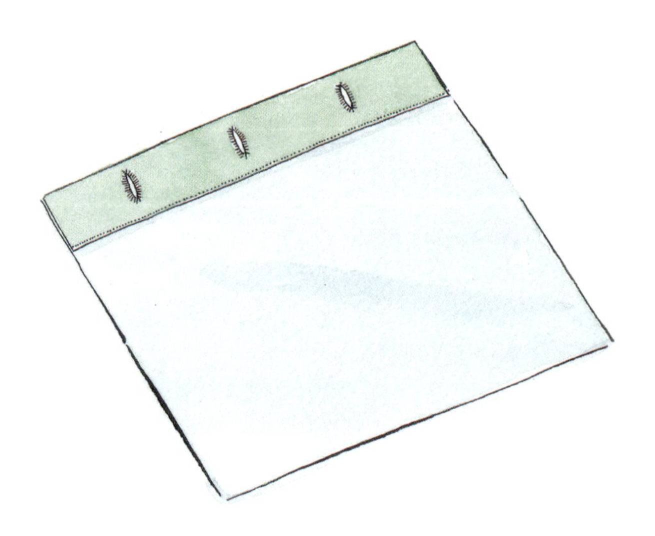

2. 如图，在步骤 1 中缝份较宽的那块布上均匀地做三个扣眼（扣眼的做法详见本书第 164 页）。注意，扣眼的大小要和选用的纽扣相匹配。

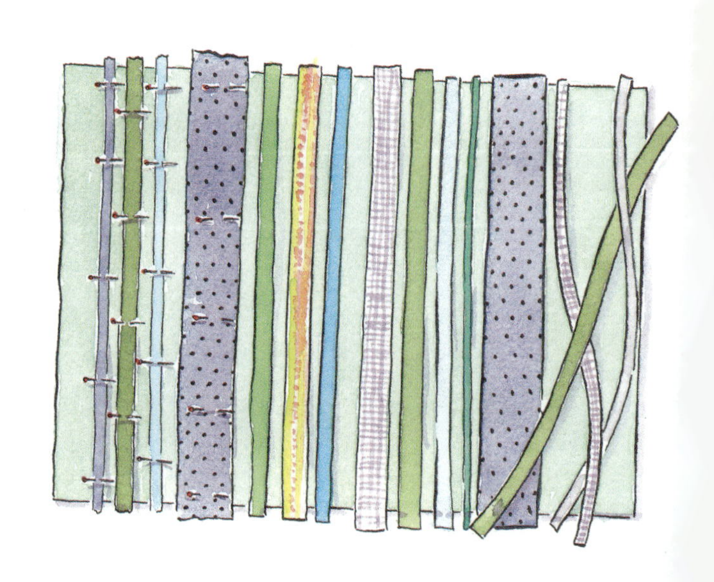

3. 裁一块 38cm×53cm 的素色布料，把它正面朝上放在工作台上。把早已准备好的布条按照喜欢的顺序排列，先用珠针固定，然后疏缝，最后机缝固定。

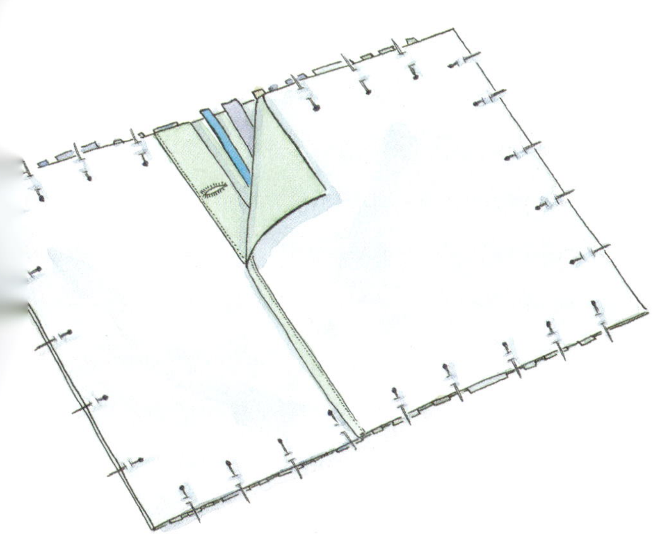

4. 如图，把步骤 3 中的成品正面朝上，把步骤 2 中有扣眼的成品正面朝下放在上方，毛边对齐。再把步骤 1 中的另一块布正面朝下，放在最上面一层，同样也要毛边对齐，用珠针沿四条边固定。沿四周机缝，修剪多余的边角，把抱枕套的正面翻出来，将扣子缝在与扣眼相对应的地方。把抱枕套熨平，塞进抱枕芯。

材料及工具
长25cm的小碎花布（不同花色）
图样纸
圆规和铅笔
针和线
35cm见方的抱枕芯
与抱枕芯相适应的抱枕套

悠悠抱枕

这款抱枕是手工缝纫的入门款式。抱枕上的悠悠是用平时剩下的布头制作的，将它们缝到抱枕套上，就可以得到一个既便宜又美观的抱枕了。如果想要改变抱枕的尺寸，需要注意悠悠的成品会是圆形布块原始大小的一半左右。另外，当选取悠悠的原料时，应选取重量差不多的几种布料，最好能选用克重轻一点的布料。

制作时间：一个悠悠 5 分钟；整个抱枕 4 小时

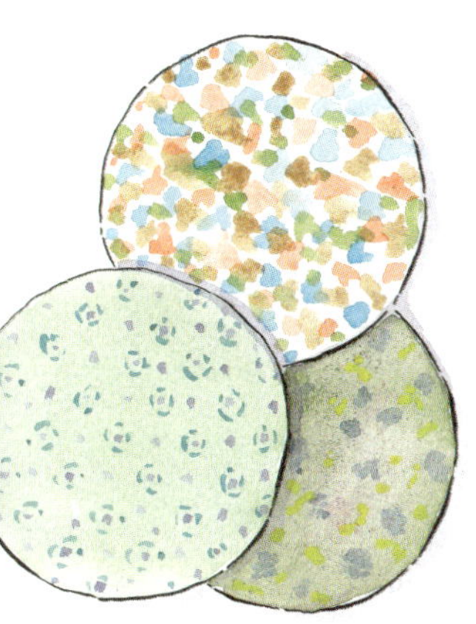

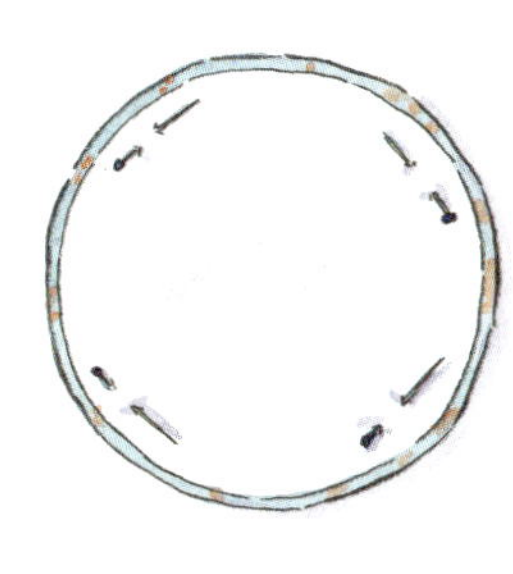

1. 用圆规在纸上画出直径为 12cm 的圆并裁下来作为纸样，用珠针将其固定到碎花布上。在不同的花布上裁下 36 个圆。将布反面朝上放在工作台上，沿着圆周往里折大约 5mm 并压平。

2. 用平针沿着刚才的折痕缝一圈。把线抽紧，使四周往里聚拢后打结收针。一个悠悠的制作就完成了。

3. 把 36 个悠悠以 6×6 的方式排列，且同样的图案不相邻。先把每排悠悠缝起来，再把各排连在一起，形成一个“面板”。

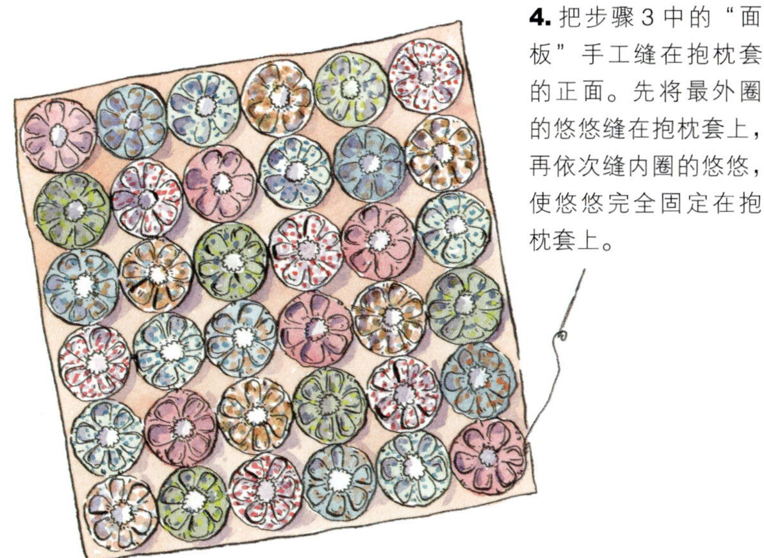

4. 把步骤 3 中的“面板”手工缝在抱枕套的正面。先将最外圈的悠悠缝在抱枕套上，再依次缝内圈的悠悠，使悠悠完全固定在抱枕套上。

花卉地毯

制作时间：2 小时

不需要重新装修，就可以使房间焕然一新，为何不尝试一下这款简单易做的炉边地毯呢？这款地毯选用了复古风格的花卉图案，并选取与花卉的主色调同色系的布料制作成地毯的褶皱花边，这样制作出来的地毯既实用又美观。用一条颜色鲜明的天鹅绒丝带作为点缀，使成品看上去更有分量。需要注意的是，最好能选用克重重一点的布，这样制作出来的地毯才会更耐用。

材料及工具

- 长50cm、宽150cm的素色布料（用于制作地毯的花边）
- 长1m左右克重较重的大花图案棉布或装饰织物
- 长1.5m的天鹅绒丝带
- 缝纫机
- 针以及粗细合适的缝纫线

注意：除特别说明外，本作品均需留出1.5cm的缝份。

1. 裁两块 15cm×150cm 的素色布条作为地毯的花边。使布的正面相对，横向对折，沿着布条的短边机缝。把布的正面翻出来，压平。沿其中一条毛边用平针缝好，缝线距离布边大约 1cm。把线抽紧，这样就形成了长 54cm 左右的荷叶边。在末端缝几针加固。

2. 裁两块 57cm×75cm 的大花图案布料以及两条长 60cm 的天鹅绒丝带。把两条天鹅绒丝带用珠针固定在其中一块大花布料的短边上，然后机缝。注意，丝带要和布边保持 5cm 的距离。

3. 使步骤 1 中缝好的荷叶边与步骤 2 中缝了丝带的布料正面相对，毛边对齐，用珠针固定并疏缝。

4. 把另一块大花布料放在步骤3中的成品上方，正面相对，用珠针固定并机缝，在其中一条长边留20cm左右的返口。修剪多余的边角，把正面翻出来并压平，手工将返口缝合。在离地毯边缘大约1cm的地方，沿地毯的四周车一条针迹。地毯就大功告成了！

褶边装饰灯罩

制作时间：1 小时

觉得市面上出售的灯罩太平淡无奇吗？只需要简单几步，就能使整个灯罩焕然一新。你可以在任意形状、任意尺寸的灯罩上运用这一技巧：只需要用平针把丝带做成褶皱花边，然后再在花边中间装饰一条小小的丝带就可以了。

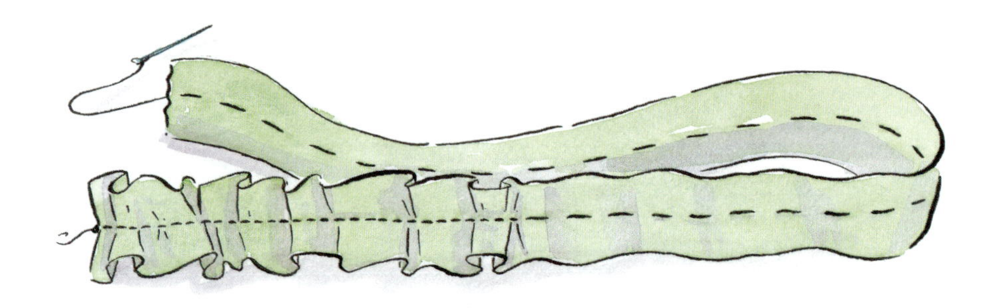

1. 用平针在丝带的中间缝一条针迹，把线抽紧，使丝带形成褶皱。调整褶皱的密度，使丝带能够恰好围灯罩下缘缠绕一圈，然后在末端缝几针并打结，将褶边的长度固定。

材料及工具

- 小号方形灯罩
- 宽22mm的丝带，长度大约为灯罩下缘周长的六倍
- 针和线
- 缝纫机以及粗细合适的缝纫线
- 一些细丝带（总长度要大于灯罩上下缘的周长之和）
- 快干手工胶

2. 把丝带的褶皱整理一下，使其在整条丝带上均匀分布，然后用缝纫机在丝带中间车一条线。

3. 沿着步骤 2 中车好的中线，在上面放一条细丝带，先用珠针固定，再机缝。

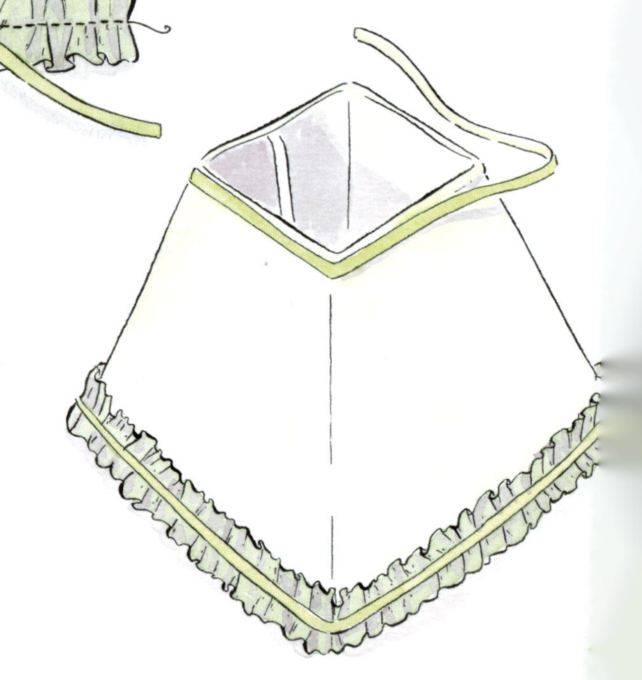

4. 把步骤 3 中的成品用快干手工胶小心翼翼地粘在灯罩的底部边缘，末端与首端稍微重合一些，注意保持接口处的干净整洁。把剩余的细丝带用同样的方法粘在灯罩的顶部边缘，缠绕的起点和终点与底端的褶边保持一致。

花边窗帘

通过这种方法，可以使单调的窗帘焕发不一样的光彩。同时还可以使已有的窗帘变长，使得它们能旧物新用，适用于不同尺寸的窗户。在选取花边布料时，最好能选择和已有窗帘颜色相近的布料，将条纹、圆点和碎花混合在一起吧，最后再加一些波浪形编织带作为点缀。

制作时间：3 小时

材料及工具
圆点布料
长50cm的条纹布
长50cm的花卉图案印花布
缝纫机以及粗细合适的缝纫线
两条编织带
一条波浪形编织带
窗帘衬里布料
帘头

注意：除特别说明外，本作品均需留1.5cm的缝份。

1. 根据窗户的尺寸裁一块圆点布。再分别裁一段垂直长度为 26cm 的条纹布料和 29cm 的花卉图案印花布。注意，这两块布的水平宽度必须和圆点布料一致。如图，使条纹布料和圆点布料的正面相对，先用珠针固定，再机缝。接下来，以同样的方法，把花卉图案印花布缝在条纹布料的下方。劈开缝份。

2. 把一条编织带放到花卉图案印花布和条纹布之间的接缝上，先用珠针固定，再机缝。把波浪形编织带放到圆点布和条纹布之间的接缝上，先用珠针固定，再机缝。接下来，把剩下的一条编织带放到波浪形编织带上，遮住波浪编织带的上半部，机缝固定。

3. 裁一块和窗帘长度相同，比窗帘窄 3cm 的衬里布料。使窗帘布和衬里正面相对，先用珠针固定，再沿窗帘的长边机缝，把正面翻出来，压平。

4. 在窗帘的顶端，先往背面翻折 1cm，再往背面翻折 5cm，用珠针固定。把帘头用珠针固定在刚才翻折的位置上，然后机缝。最后一步是给窗帘包边，只需要把窗帘的底部先往背面翻折 1cm，再往背面翻折 3cm，然后机缝。窗帘就大功告成了！

窗帘绑带

制作时间：2 小时

材料及工具

本书第167页的图样
描图纸、铅笔以及图样纸
长25cm的天然亚麻布料
长25cm的胶衬
长75cm、宽2.5cm的丝带
长150cm的编织带
尺寸为12mm×22mm的包扣
长25cm的圆点布料
各式各样的碎布头（包扣子用）
缝纫机以及粗细合适的缝纫线

注意：除特别说明外，本作品均需留出1.5cm的缝份。

窗帘绑带是一个兼具实用性与装饰性的家居用品。它既是一个美观的摆设，又能在不用窗帘的时候起固定作用。制作窗帘绑带时，只需要用普通的素色布料制作主体，用布花做装饰，再用花布包扣子做成花蕊，就能为房间增添一抹亮色。

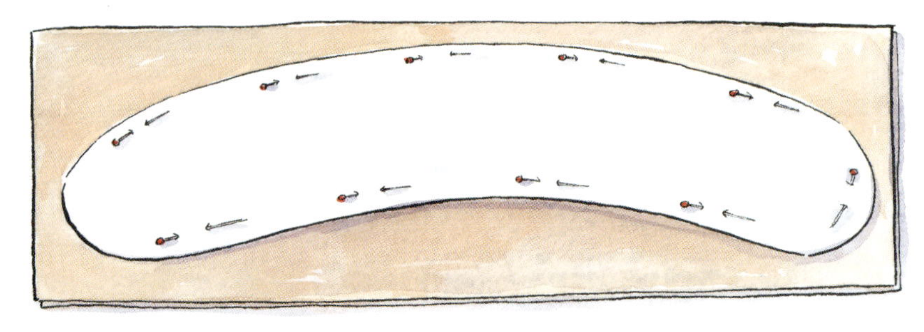

1. 把本书第 167 页的图样放大到 360%，把它描到图样纸上并裁下。把纸样放到双层天然亚麻布上，用珠针固定后，沿纸样裁下。

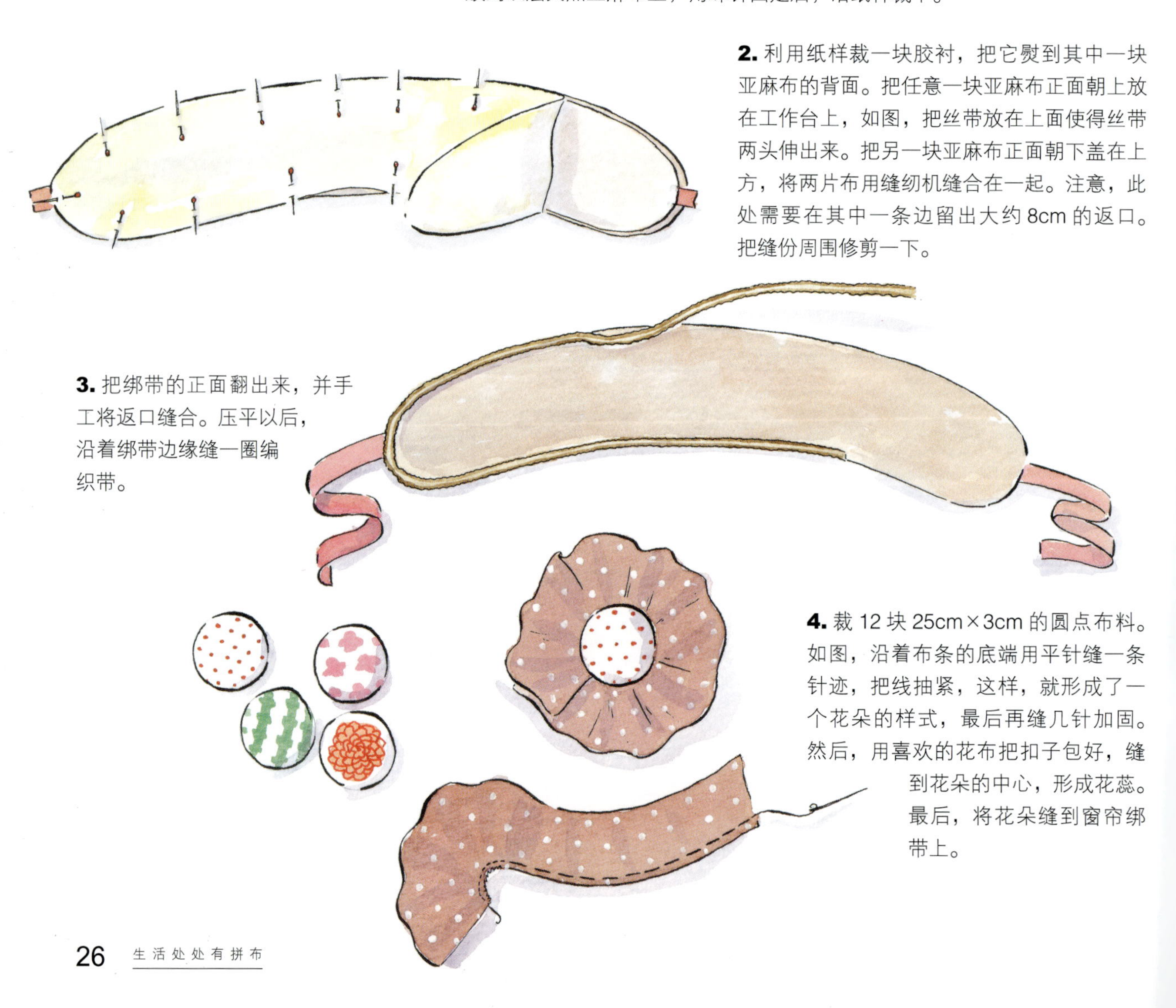

2. 利用纸样裁一块胶衬，把它熨到其中一块亚麻布的背面。把任意一块亚麻布正面朝上放在工作台上，如图，把丝带放在上面使得丝带两头伸出来。把另一块亚麻布正面朝下盖在上方，将两片布用缝纫机缝合在一起。注意，此处需要在其中一条边留出大约 8cm 的返口。把缝份周围修剪一下。

3. 把绑带的正面翻出来，并手工将返口缝合。压平以后，沿着绑带边缘缝一圈编织带。

4. 裁 12 块 25cm×3cm 的圆点布料。如图，沿着布条的底端用平针缝一条针迹，把线抽紧，这样，就形成了一个花朵的样式，最后再缝几针加固。然后，用喜欢的花布把扣子包好，缝到花朵的中心，形成花蕊。最后，将花朵缝到窗帘绑带上。

壁炉屏风

这款三折屏风是一个很实用的小物件。你既可以用它来遮挡你的壁炉或有点碍眼的暖气片，也可以用它遮挡电插座。我们给这个屏风加上了由丝带和花布做成的花朵，使得它更具装饰性。你还可以根据实际用途改变它的尺寸。例如，你可以选用大一点的挡板，把它做成一个正常尺寸的室内屏风。你也可以多加几块挡板，让屏风能遮挡更宽的范围。

制作时间：2.5 小时

材料及工具
三块尺寸为22cm×70cm×15mm的中密度纤维板
长150cm的布料
长550cm的丝带（包边用）；长150cm的丝带（用于制作花朵装饰物）
快干手工胶
四个小号铰链
锥子
螺丝刀
喷胶
图样纸
纽扣
针和线

1. 裁一块 54cm×64cm 的布料。在中密度纤维板的两面都喷上喷胶，并把它放在布料的背面，板的三条边到布边的距离为 1.5cm。特别要注意的是，一定要保持布的平整，不能有褶皱。

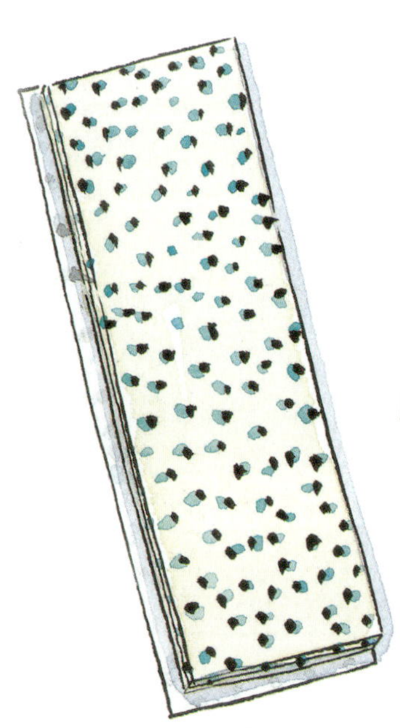

2. 在中密度纤维板的另外三面都涂上薄薄的一层快干手工胶，把布粘到板子上。在转角处要特别注意，要折得很平整，不能翘起来。然后，再把板子翻过来。用同样的方法，把另一边的布也粘到板子上。把布捋平，使得布和板子完全紧贴，中间不要有褶皱或气泡。

3. 在板子的另外三面都涂上胶水，把布料小心翼翼地粘上去，要注意的是，一定要粘得非常平整，不能有气泡。另外两块中密度纤维板也按照步骤 1 ~ 3 处理。

4. 在三块板子上选好放铰链的位置，用锥子钻出小孔。用螺丝刀把铰链镶在小孔里，三块板子就连在一起了。

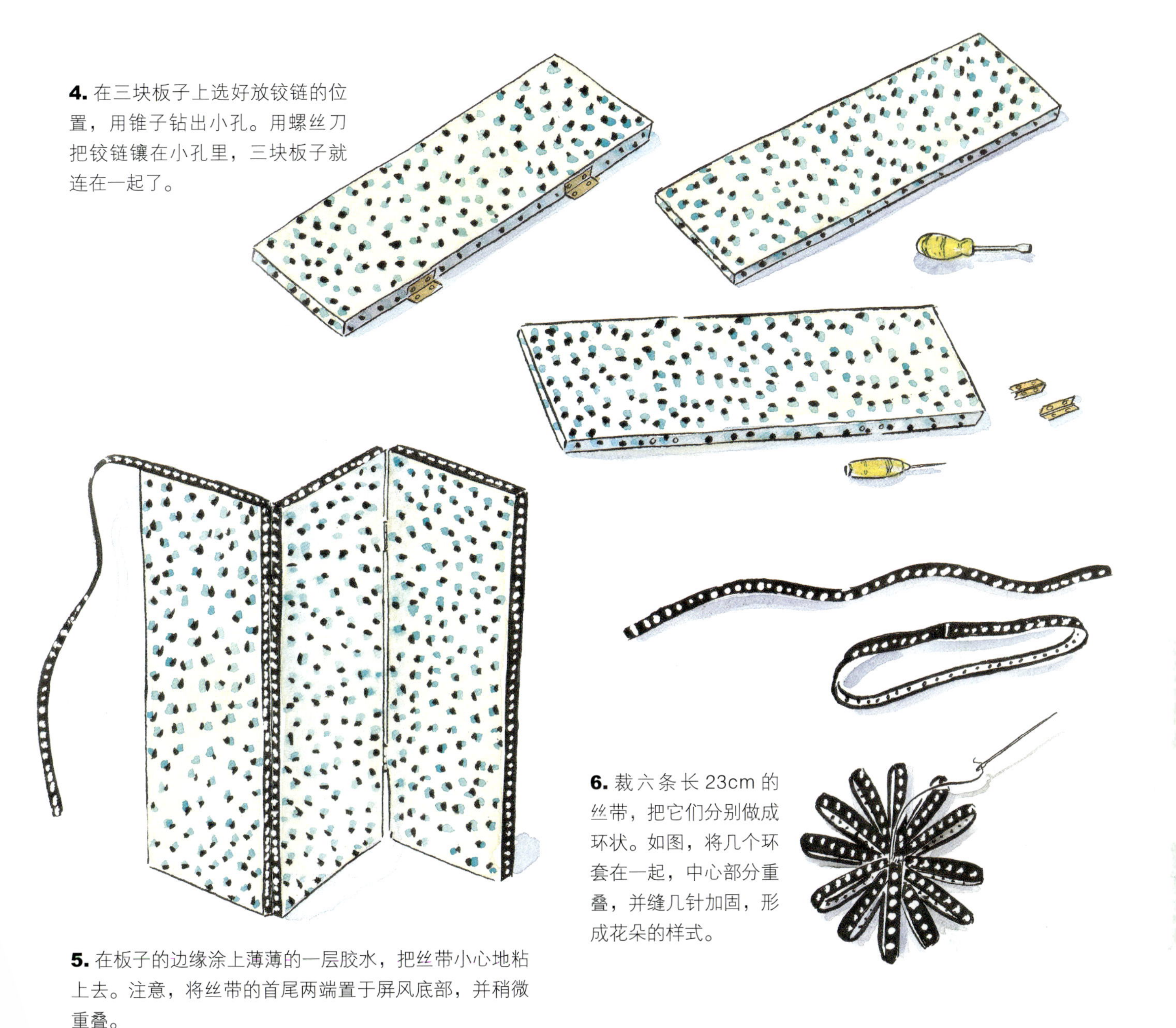

5. 在板子的边缘涂上薄薄的一层胶水，把丝带小心地粘上去。注意，将丝带的首尾两端置于屏风底部，并稍微重叠。

6. 裁六条长 23cm 的丝带，把它们分别做成环状。如图，将几个环套在一起，中心部分重叠，并缝几针加固，形成花朵的样式。

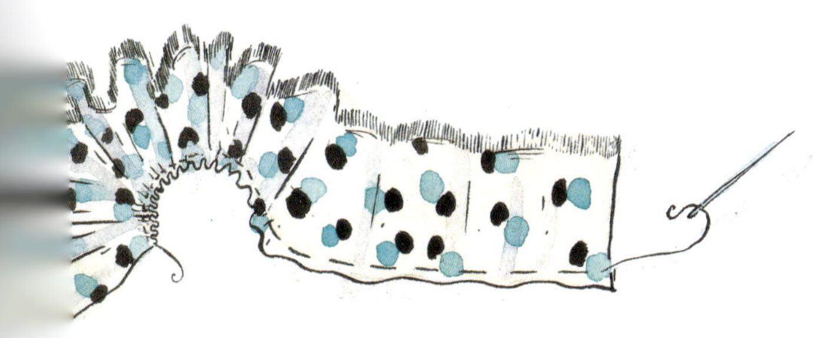

7. 在大块的主布料上量一块尺寸为 35cm×5cm 的布条，把它撕下来，造成毛边效果。沿其中一条边用平针缝好（具体做法见第 163 页），把线抽紧，并在布的末端缝几针加固，一朵花就做好啦。把步骤 6 中的丝带花缝在这朵布花的背面。

8. 把纽扣缝在步骤 7 中做好的丝带布花中心，形成花蕊，一朵花就缝好了。把这朵花缝到屏风正面，并缝几针加固。

第二章

厨房及餐厅用品

茶壶保暖套

制作时间：2.5 小时

这款充满复古风情的茶壶保暖套，可以让你随时喝上热气腾腾的热茶。保暖套由格子布和花卉图案的布料组合而成，再配上漂亮的花边，绝对是个拿得出手的亮眼小物。你也可以把这个保暖套做得稍微高一点，这样，它就变成一个咖啡壶保暖套了。如果你更喜欢小巧可爱的家居风格，也可以把它做成迷你保暖套，用平时剩下的碎布头就可以制作。做好以后，就可以用它包着水煮蛋早餐了。

材料及工具

- 本书第167页的图样
- 描图纸和铅笔
- 长50cm的粉红色布料
- 长50cm的格子布
- 长50cm的花卉图案印花布
- 长75cm的波浪形丝带
- 长75cm的花朵图案花边
- 长50cm的中等厚度填充棉
- 缝纫机以及粗细合适的缝纫线

注意：除特别说明外，本作品均需留出1.5cm的缝份。

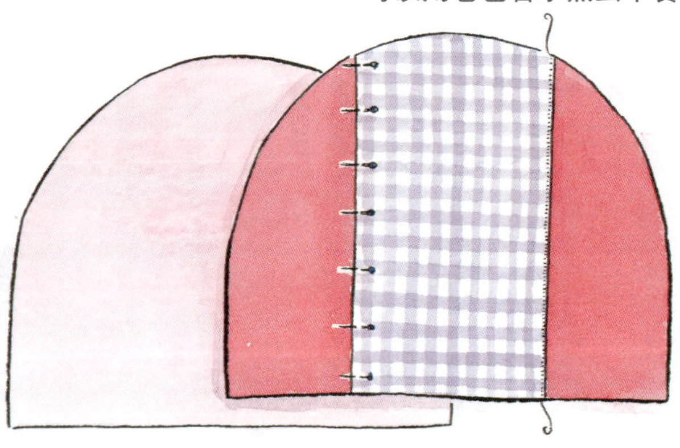

1. 按照本书第 167 页的图样，裁两块粉红色布料和一块 19.5cm×27cm 的格子布。在格子布的背面沿两条长边，分别往里翻折 1cm，压平（注意，往里翻折时要沿着格子线，这样才不会折歪）。把格子布放在其中一片粉红色布的正面中央，然后机缝固定。缝完以后，沿着粉色布的弧形边缘，把多余的格子布剪掉。

2. 裁一块 9cm×27cm 的花卉图案布料，把两条长边分别往里翻折 1.5cm。然后，把这块布用珠针固定在刚才缝好的格子布的正中间。如图，裁两段长度合适的波浪形丝带，沿着花布的两条长边，把丝带分别塞到两层布之间，然后机缝固定。再裁两条长度合适的花朵图案花边，把它们分别固定在格子布的两条长边上，然后机缝固定。

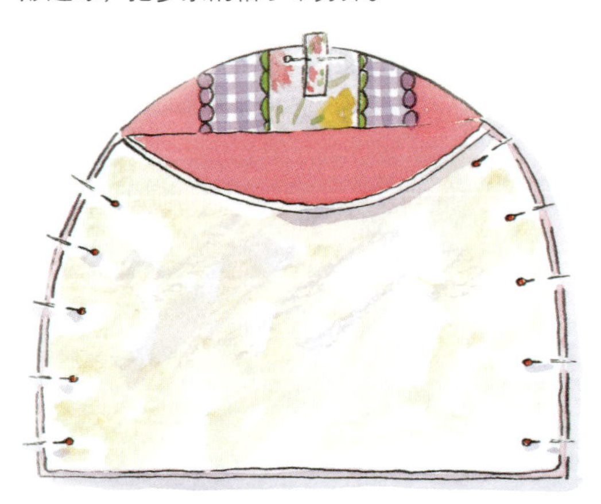

3. 制作挂环。裁一块 3.5cm×5cm 的花卉图案布料，把长边分别往里翻折 1cm，然后再纵向对折，将折边机缝，压平。用步骤 1 中制作好的图样，裁两块填充棉，先把其中一块填充棉放在工作台上，再把步骤 2 中的成品正面朝上放在它的上方。如图，把挂环放在弧形边缘的正中央，并用珠针固定。再把另一块粉色布料反面朝上，放在刚才叠加好的几层布料上方，最后放上一层填充棉，保证边缘对齐。最后，沿弧线机缝。

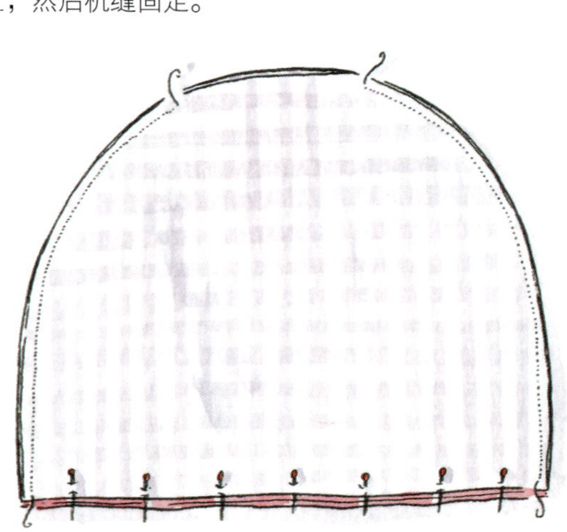

4. 用纸样裁两块格子布，沿弧线机缝，在弧的顶端留出大约 20cm 的返口。把缝好的格子布塞进上一步做好的茶壶套里，使其正面相对，在底部将它们缝起来。翻出正面，然后手工将返口缝合。

刀叉收纳袋

制作时间：2 小时

有了这款刀叉收纳袋，就再也不用担心餐具放得七零八落了。你不仅可以集中收纳这些餐具，还可以有效防止它们因互相摩擦而刮花。把刀叉都放进这个收纳袋里，你就能在夏天随时外出野餐了。 在制作这款作品时，尺寸丈量的准确度非常重要。你必须确保当收纳袋装满餐具时，仍能把它卷起来。

材料及工具

- 长50cm的印花布
- 长50cm的波点布
- 长86cm、宽22mm的罗纹带
- 缝纫机
- 针以及粗细合适的缝纫线

注意：除特别说明外，本作品均需留出1.5cm的缝份。

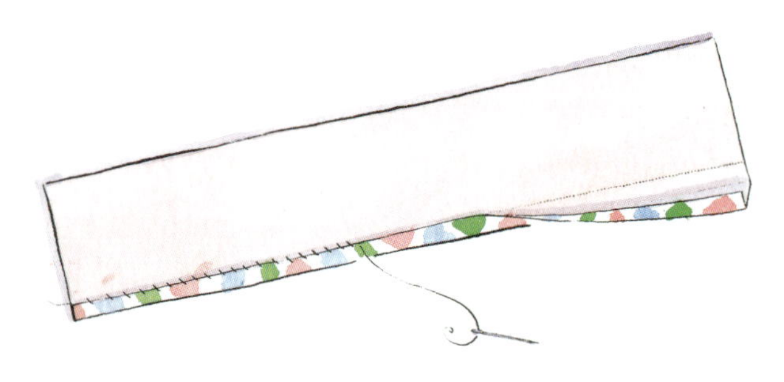

1. 裁一块 62cm×12cm 的波点布和一块 62cm×6cm 的印花布。使两块布正面相对，毛边对齐，沿着长边在距离布端 1.5cm 处车线。把印花布翻折到波点布的另一侧，并沿另一条毛边往里翻折 1.5cm，压平，用暗针将其与波点布缝合。

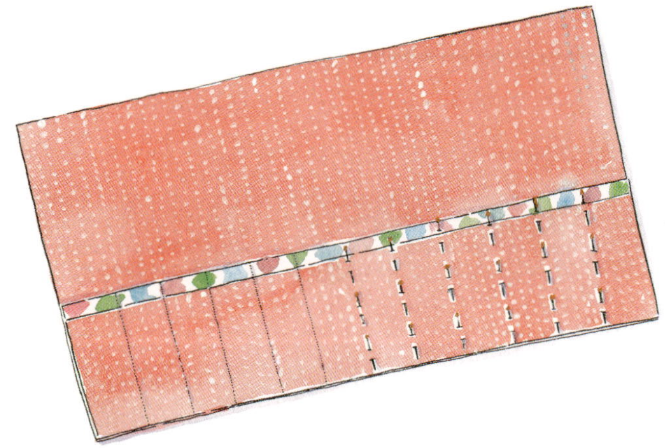

2. 裁一块 62cm×33cm 的波点布。如图，沿着长边，把步骤 1 中的成品正面朝上放置在波点布上方，使它们的毛边对齐。如图，从左边（或右边）开始，在叠合部分距离布端 6cm 的地方，用珠针做纵向固定。然后，以同样的方法，每间隔 5cm 就用珠针做一个标记，最后会在另一端形成一个 6cm 的口袋。然后，沿着刚才做的标记机缝。

3. 裁一段长 86cm 的蓝色罗纹带和一块 67cm×39cm 的印花布。印花布正面朝上，把罗纹带放在印花布上，在距离印花布底边 13cm、侧边 3.5cm 的地方用珠针将罗纹带固定。注意，此时罗纹带两端露在布外面的长度要一致。用缝纫机把罗纹带缝在布面上，如图，在刚才做标记的地方车一个长 12cm、与罗纹带同宽的长方形针迹。这样，罗纹带就牢牢地固定在印花布上了。

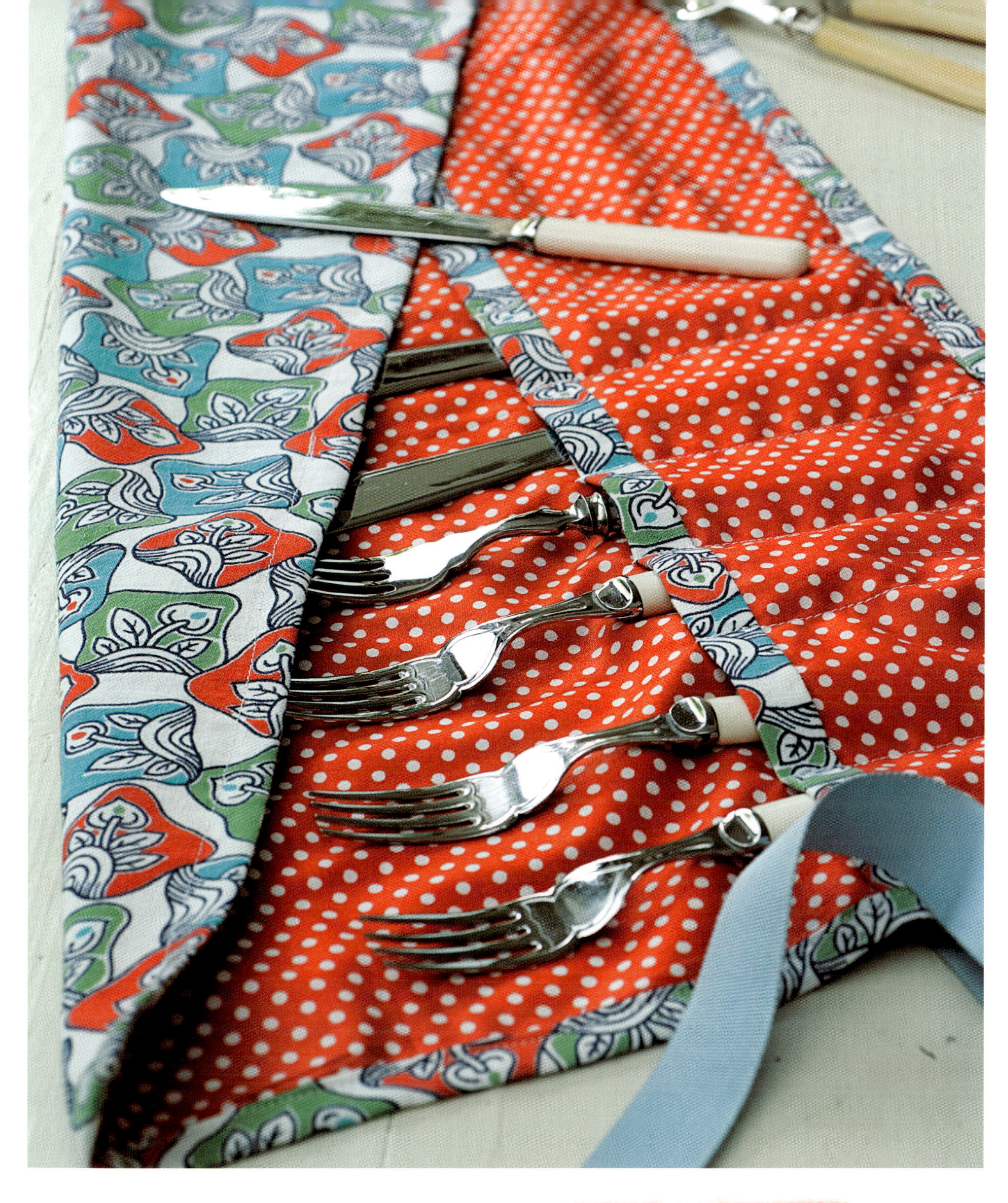

4. 将印花布与波点布反面相对，使波点布位于印花布中心，并保证到四条边的距离相等。先把四个角往里折，然后，把印花布的四条边先往里翻折 1cm，再往里翻折 1.5cm，用珠针固定，然后疏缝并机缝。注意，缝的时候尽量靠近刚才的折痕。

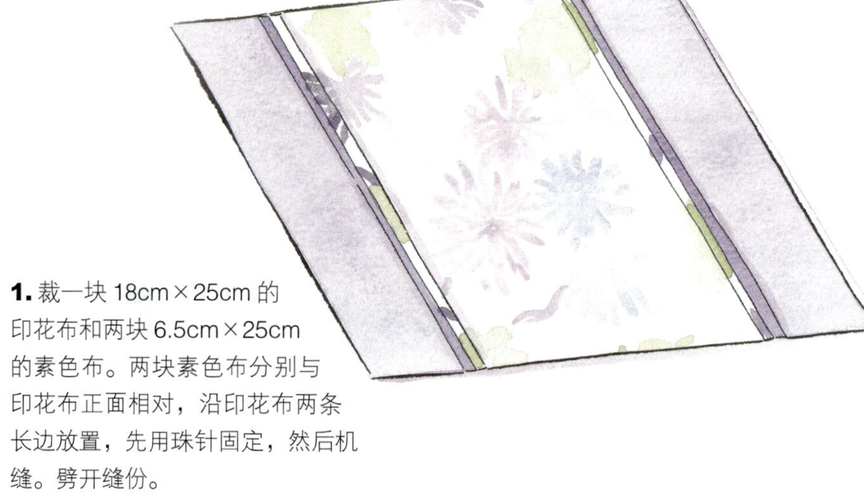

1. 裁一块 18cm×25cm 的印花布和两块 6.5cm×25cm 的素色布。两块素色布分别与印花布正面相对，沿印花布两条长边放置，先用珠针固定，然后机缝。劈开缝份。

锅垫

这款锅垫的制作方法非常简单，只需要掌握一些基本的缝纫技巧。在选取布料时，不妨试试夸张艳丽的花色，这能给人带来强烈的视觉冲击感。至于内衬则要选用厚厚的填充棉，这样才能起到隔热效果。我们还得给它缝一个布环，不用的时候把它挂起来，需要的时候随时取用，非常方便。

制作时间：1.5 小时

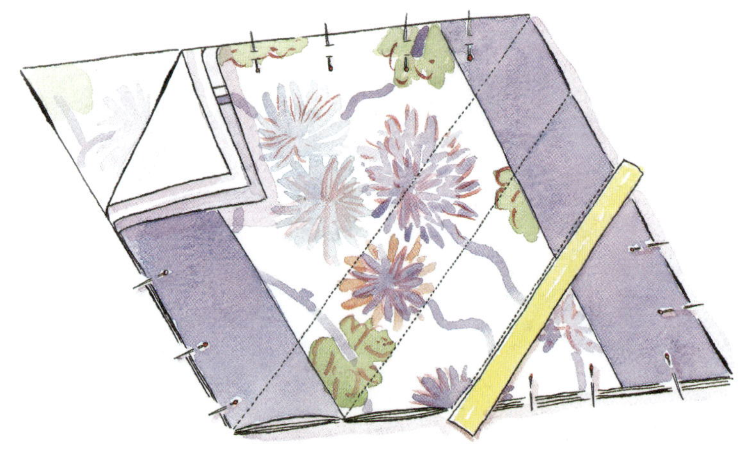

2. 裁两块 26cm 见方的厚填充棉。把底布反面朝上放在工作台上，上面依次放置填充棉和步骤 1 中做好的表布（正面朝上）。用珠针把“三明治”的四周固定好。把遮蔽胶带贴在正方形的其中一个对角上，沿胶带边缘用缝纫机车一条针迹。如图，把胶带平移 3cm，然后，再沿着胶带的边缘车一条线。如此类推，直到所缝的线接近正方形的边角、没法再缝了为止。对另一个对角也如法炮制，完工后，餐垫的表面就会布满格纹了。

材料及工具
长1m的印花布
长25cm的素色布
长50cm的厚填充棉
缝纫机
粗细合适的缝纫线
遮蔽胶带

注意：除特别说明外，本作品均需留出1.5cm的缝份。

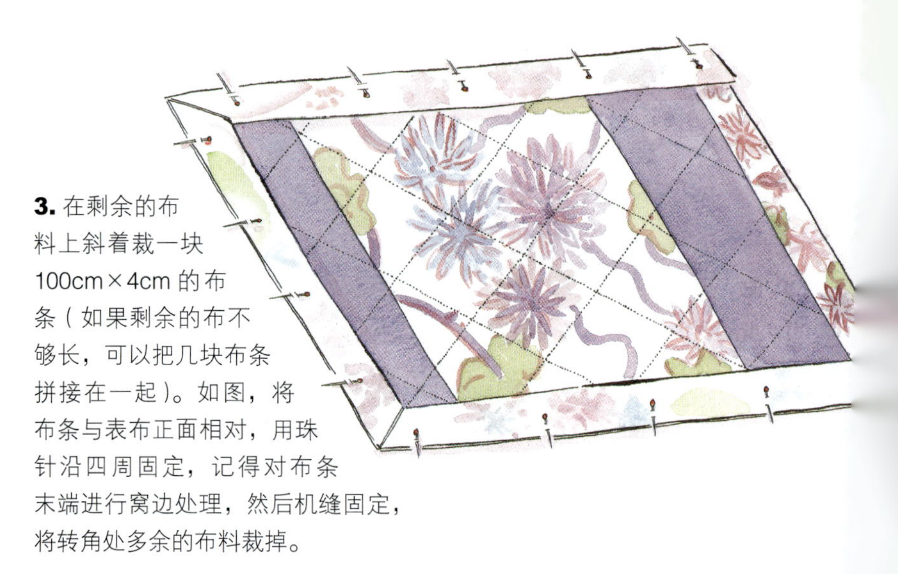

3. 在剩余的布料上斜着裁一块 100cm×4cm 的布条（如果剩余的布不够长，可以把几块布条拼接在一起）。如图，将布条与表布正面相对，用珠针沿四周固定，记得对布条末端进行窝边处理，然后机缝固定，将转角处多余的布料裁掉。

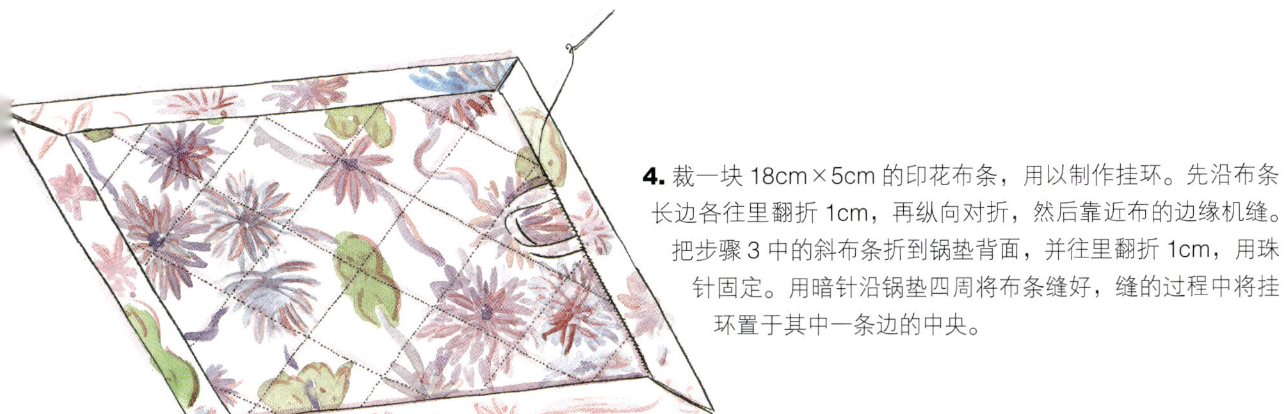

4. 裁一块 18cm×5cm 的印花布条，用以制作挂环。先沿布条长边各往里翻折 1cm，再纵向对折，然后靠近布的边缘机缝。把步骤 3 中的斜布条折到锅垫背面，并往里翻折 1cm，用珠针固定。用暗针沿锅垫四周将布条缝好，缝的过程中将挂环置于其中一条边的中央。

餐垫与餐巾

这款餐垫以及与它配套的餐巾制作简单且外表美观，使餐桌瞬间优雅起来。你可以亲手制作一套，把它当作结婚或新居入伙的礼物赠送给亲友。我相信，收到的人一定会把它好好珍藏起来的。

我们都知道，餐桌用品需要经常清洗。因此，当你开始制作之前，请先把布料洗一遍，看看它们是否会缩水。不然，制作完以后才发现，就白费工夫了。

制作时间：餐垫 1 小时；餐巾 20 分钟

材料及工具
餐垫：
长50cm的印花布
长50cm的格子布
长50cm的素色布
长50cm的中等厚度胶衬

餐巾：
长50cm的印花布
长50cm的格子布
缝纫机
针以及粗细合适的缝纫线

注意：除特别说明外，本作品均需留出1.5cm的缝份。

制作餐垫

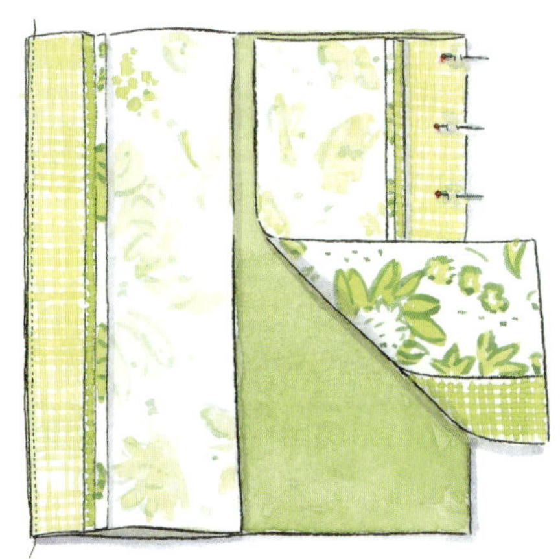

1. 裁一块 34cm×26cm 的素色布、两块 34cm×12cm 的印花布和两块 34cm×6cm 的格子布。如图，将两块格子布分别与素色布正面相对，毛边对齐，沿长边机缝。然后将两块格子布分别与两块印花布正面相对，毛边对齐，沿长边机缝。劈开缝份。

2. 裁一块 34cm×50cm 的胶衬。将它的糙面与步骤 1 中的成品反面相对，并垫一块湿布，用中档温度的熨斗熨烫，使其黏合。

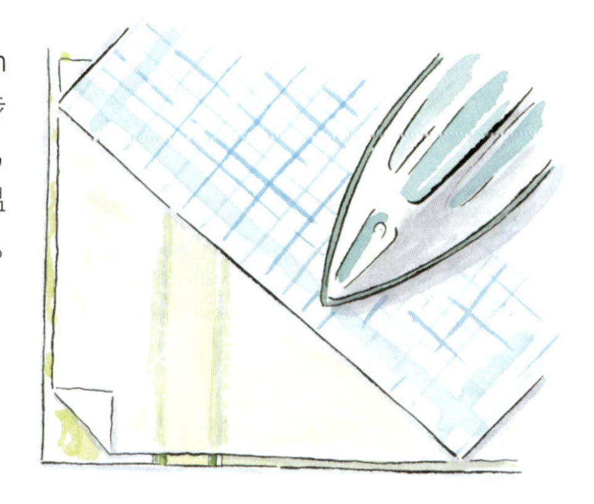

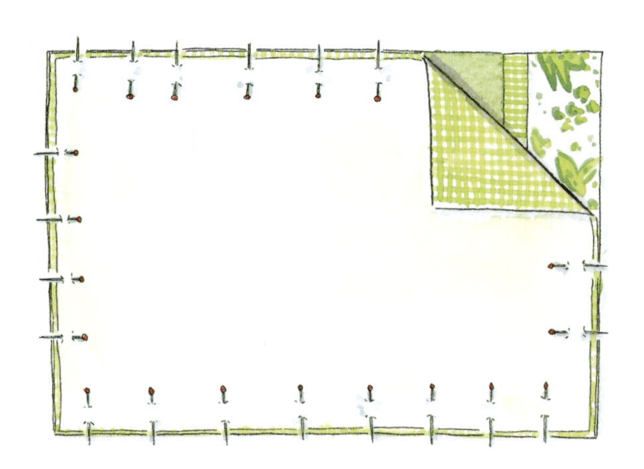

3. 制作底布。裁一块 34cm×50cm 的格子布和一块同样大小的胶衬。按照步骤 2 中的方法，将胶衬熨到格子布的反面。使底布与表布正面相对，沿周边机缝，在其中一条边留 10cm 左右的返口，修剪多余的边角。把餐垫的正面翻出来，手工将返口缝合。将餐垫压平，并沿四周用缝纫机车一圈明线。

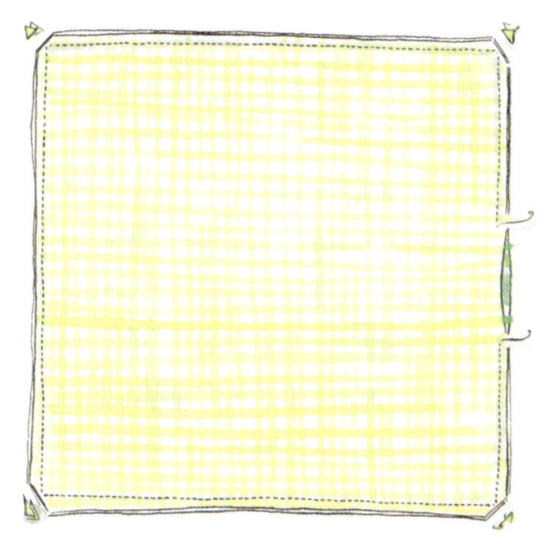

制作餐巾

裁一块 40cm 见方的印花布和一块同样大小的格子布。使两块布正面相对，沿周边机缝，只在其中一条边留 10cm 左右的返口，修剪多余的边角。把正面翻出来，手工将返口缝合。将餐巾压平，在距离布端 2.5cm 处用缝纫机车一圈明线。

纽扣装饰的餐巾环

这款餐巾环能帮你巧妙利用平时做手工剩余的布头。其实，这款餐巾环的末端是缝在一起的，纽扣只起到装饰作用，这样既可以免除制作扣眼的麻烦，又能使作品整体看起来更加精致。

制作时间：45 分钟

材料及工具
长25cm的印花布
长25cm的素色布
长50cm的波浪形编织带
长50cm的小格子丝带
缝纫机
针以及粗细合适的缝纫线
直径约2cm的纽扣

注意：除特别说明外，本作品均需留出1.5cm的缝份。

1. 裁一块 4cm×23cm 的印花布和两块 8.5cm×23cm 的素色布。把印花布放在其中一块素色布的正中间并疏缝（见本书第 163 页）。

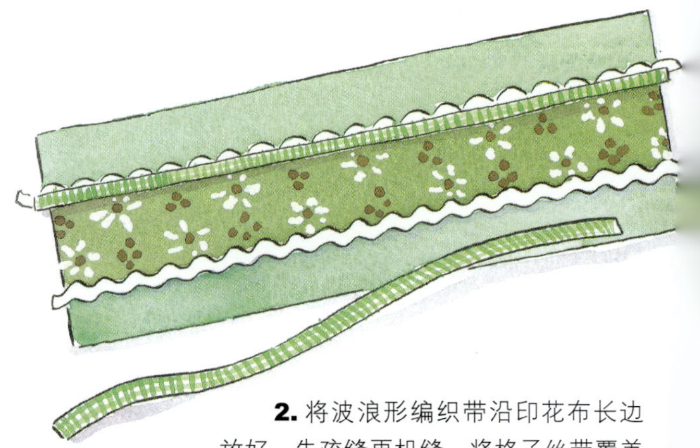

2. 将波浪形编织带沿印花布长边放好，先疏缝再机缝。将格子丝带覆盖在波浪形编织带上，只露出一半波浪，先疏缝再机缝，然后拆掉疏缝线。

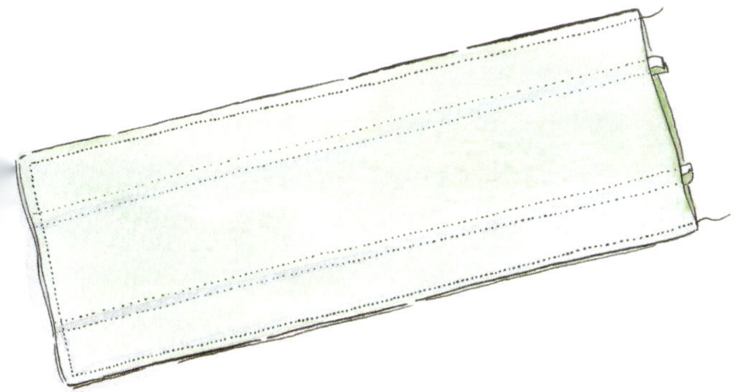

3. 使步骤 2 中的成品与另一块素色布正面相对，用珠针固定并疏缝。用缝纫机把其中的两条长边和一条短边缝好，留一条短边不缝。拆掉疏缝线，修剪缝份，把餐巾环的正面翻出来，压平。把刚才没有缝合的短边往里翻折 1.5cm，并用暗针缝合（见本书第 163 页）。

4. 将两条短边首尾相接构成环状，重合部分约 2.5cm。在重合处缝上纽扣，注意要使缝线穿过所有叠合部分。

流苏花边桌布

这款桌布能让你的房间瞬间焕发生机，虽然它看起来非常华丽，制作方法其实相当简单。你只需要把流苏缝在镶好边的正方形花卉布料上，再用丝带和小蝴蝶结点缀，一块可爱的花边桌布就呈现在眼前了。

制作时间：1.5 小时

材料及工具
花卉图案印花布
纯棉流苏花边
细丝带
缝纫机以及粗细合适的缝纫线

注意：除特别说明外，本作品均需留出1.5cm的缝份。

1. 根据桌子尺寸裁一块花卉图案印花布，预留30cm的垂边和2.5cm的缝份。裁好后，将布反面朝上放置，四条边先往里翻折1cm，再往里翻折1.5cm。用珠针固定并机缝，然后压平。

2. 用珠针把流苏固定在刚刚缝好的桌布四周，然后机缝。流苏的末端稍微重叠以保持平整。

3. 用珠针把丝带固定在刚刚缝好的流苏上，末端稍微重叠，然后机缝。用丝带系八个小蝴蝶结，把它们分别手工缝在四条边的中间以及四个角上。

桌旗

在餐桌上摆放桌旗，会令餐桌更显隆重。建议选用大胆且具有摩登风格的布料，这样做出来的桌旗无论是搭配素色桌布，还是直接放在桌子上使用都会有很好的效果。假如布料的长度不够，还可以在现有布料的基础上通过把短布料拼接起来做一条足够长的桌旗，这样就不会白白浪费布料了。

制作时间：1.5 小时

材料及工具
印花布
素色布
缝纫机以及粗细合适的缝纫线
针和线
六颗直径为5cm的纽扣

注意：除特别说明外，本作品均需留出1.5cm的缝份。

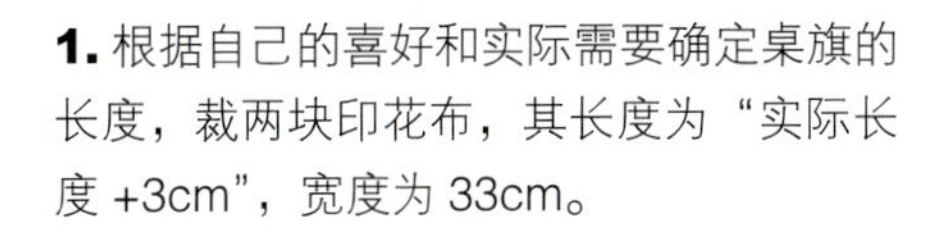

1. 根据自己的喜好和实际需要确定桌旗的长度，裁两块印花布，其长度为“实际长度 +3cm”，宽度为 33cm。

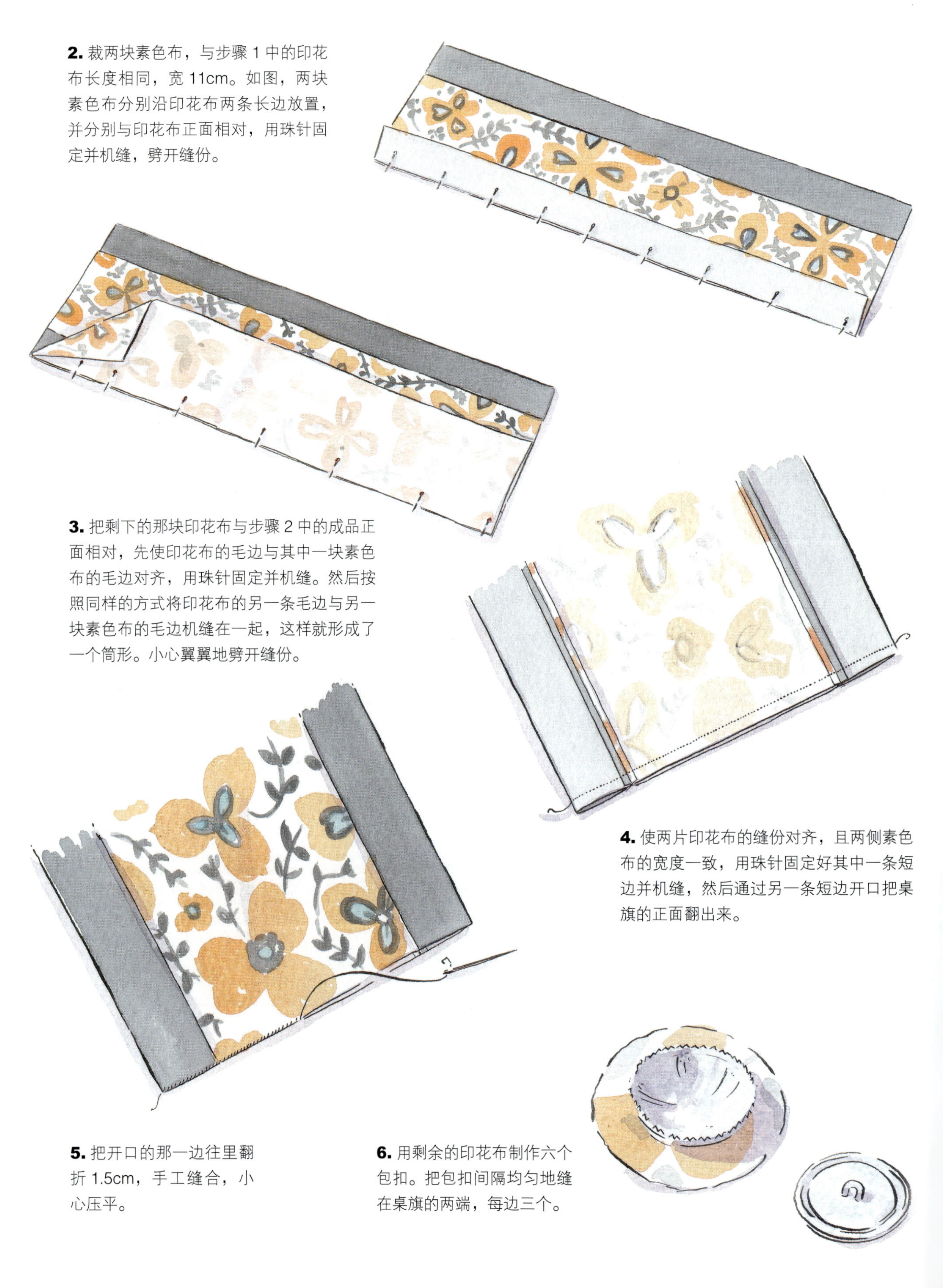

2. 裁两块素色布，与步骤 1 中的印花布长度相同，宽 11cm。如图，两块素色布分别沿印花布两条长边放置，并分别与印花布正面相对，用珠针固定并机缝，劈开缝份。

3. 把剩下的那块印花布与步骤 2 中的成品正面相对，先使印花布的毛边与其中一块素色布的毛边对齐，用珠针固定并机缝。然后按照同样的方式将印花布的另一条毛边与另一块素色布的毛边机缝在一起，这样就形成了一个筒形。小心翼翼地劈开缝份。

4. 使两片印花布的缝份对齐，且两侧素色布的宽度一致，用珠针固定好其中一条短边并机缝，然后通过另一条短边开口把桌旗的正面翻出来。

5. 把开口的那一边往里翻折 1.5cm，手工缝合，小心压平。

6. 用剩余的印花布制作六个包扣。把包扣间隔均匀地缝在桌旗的两端，每边三个。

菜谱书套

制作时间：2 小时

有了这个美观而实用的书套以后，就能轻松地收纳菜谱了。在制作这款书套时，我特意选用了复古图案的布料以及与布料相匹配的纽扣。除了设计绑带来控制书的开合，还在衬料上缝了一条丝带当作书签。

计算所用布料的尺寸

在计算书套所用的三种布条的宽度时，先量出书的上沿到下沿的尺寸，并加上 4cm，然后再除以 3，这就是每块布料的宽度。把书的“封底 + 书脊 + 封面”的长度量好后，加上 15cm，所得的数字就是布条的长度。

1. 按照量好的尺寸裁三块不同花色的布条，使它们正面相对，先用珠针固定再机缝，依次将三块布条缝合在一起，劈开缝份。

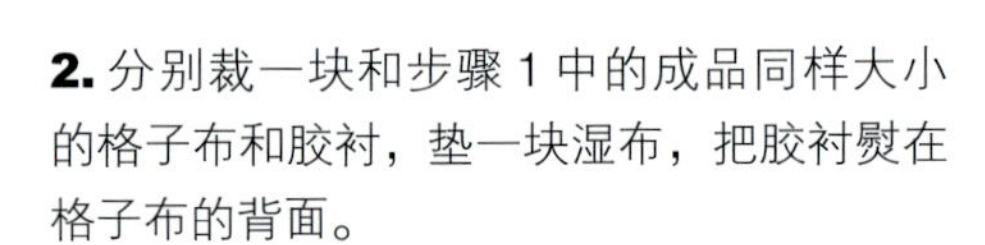

2. 分别裁一块和步骤 1 中的成品同样大小的格子布和胶衬，垫一块湿布，把胶衬熨在格子布的背面。

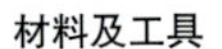

3. 把花布正面朝上放在工作台上。裁一段比书长 5cm 的窄丝带，用珠针将它固定在花布其中一条长边的中间。把用做内衬的格子布反面朝上叠加在上方，用珠针固定并机缝，在其中一条边留 7cm 左右的返口。修剪多余的边角，把正面翻出来，压平，手工将返口缝合。

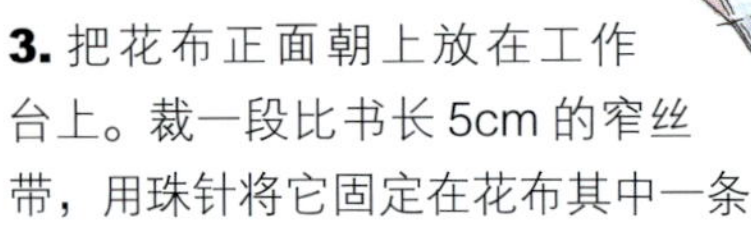

材料及工具
笔记本
长25cm的印花布（三种不同花卉图案）
长25cm的格子布（做内衬用）
长25cm的中等厚度胶衬
缝纫机以及粗细合适的缝纫线
宽12mm的丝带适量（做书签用）
长30cm、宽15mm的丝带（做绑带用）
边长为2.5cm的方形纽扣

注意：除特别说明外，本作品均需留出1.5cm的缝份。

4. 把布的两个短边分别往里翻折 5.5cm，并用珠针固定，检查书套是否和笔记本的大小相符。裁两条长 15cm、宽 15mm 的丝带用做绑带，把其中一条缝在封面，另一条缝在封底，并在封面的绑带上缝一颗纽扣，缝的时候将缝纫线只穿过最外层的花布。

ORGANIC

第三章

卧室用品

正反两面均可用的羽绒被套

在制作这款被套时，可以选用花色夸张且图案具有现代感的印花布。但是，很难找到一大块能用于制作双人被的布料，尤其是大花布。所以，在制作时，最好的方法就是将小块的正方形布料拼接在一起，而被套的反面，可以把两块条纹布料拼接在一起至足够的宽度。

制作时间：3 小时

1. 从两块印花布上各裁八块 53cm 见方的布块。

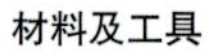

材料及工具
两种可以搭配在一起的印花布（各225cm）
长450cm的条纹布料
缝纫机及粗细合适的缝纫线

注意：除特别说明外，本作品均需留出1.5cm的缝份。

2. 每四块正方形图案交错、水平排列在一起，用珠针固定，正面相对缝合，得到四块组合布条，劈开缝份。

3. 将步骤 2 中得到的四块布条正面相对，长边对齐，用珠针固定并机缝，得到一块 4×4 的大正方形，劈开缝份。

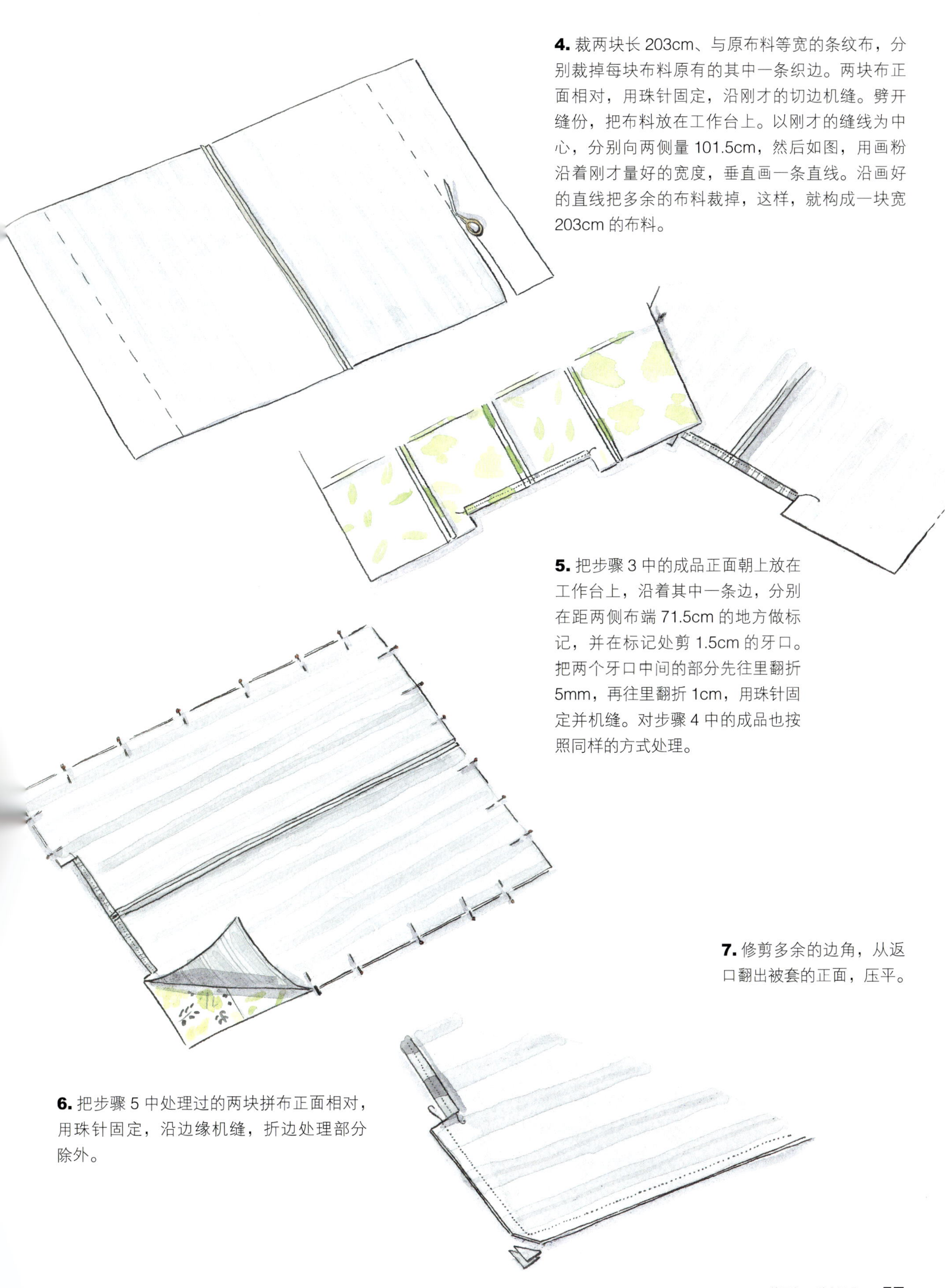

4. 裁两块长 203cm、与原布料等宽的条纹布，分别裁掉每块布料原有的其中一条织边。两块布正面相对，用珠针固定，沿刚才的切边机缝。劈开缝份，把布料放在工作台上。以刚才的缝线为中心，分别向两侧量 101.5cm，然后如图，用画粉沿着刚才量好的宽度，垂直画一条直线。沿画好的直线把多余的布料裁掉，这样，就构成一块宽 203cm 的布料。

5. 把步骤 3 中的成品正面朝上放在工作台上，沿着其中一条边，分别在距两侧布端 71.5cm 的地方做标记，并在标记处剪 1.5cm 的牙口。把两个牙口中间的部分先往里翻折 5mm，再往里翻折 1cm，用珠针固定并机缝。对步骤 4 中的成品也按照同样的方式处理。

6. 把步骤 5 中处理过的两块拼布正面相对，用珠针固定，沿边缘机缝，折边处理部分除外。

7. 修剪多余的边角，从返口翻出被套的正面，压平。

丝带镶边床单

风格清新的纯棉床上用品总是特别受欢迎，尤其是有着刺绣装饰、经过手工点缀的纯棉床品，在商店里别提有多贵了。但是现在，你只要通过简单的小方法就能达到同样的效果：给从商店买回来的白色床单加上漂亮的丝带花边，或为枕套缝上丝带。注意在选取丝带的时候，要选用和房间装饰风格相匹配的颜色。

制作时间：45 分钟

材料及工具
白色床单
三条宽度分别为1cm、1.5cm和3cm的丝带（长度与床单相匹配）
缝纫机以及粗细合适的缝纫线

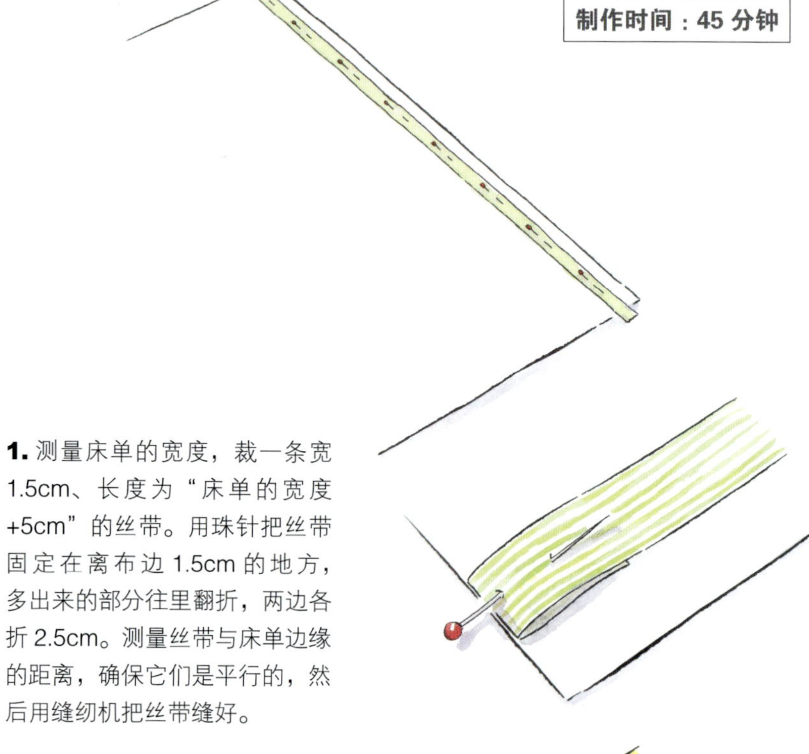

1. 测量床单的宽度，裁一条宽1.5cm、长度为“床单的宽度+5cm”的丝带。用珠针把丝带固定在离布边1.5cm的地方，多出来的部分往里翻折，两边各折2.5cm。测量丝带与床单边缘的距离，确保它们是平行的，然后用缝纫机把丝带缝好。

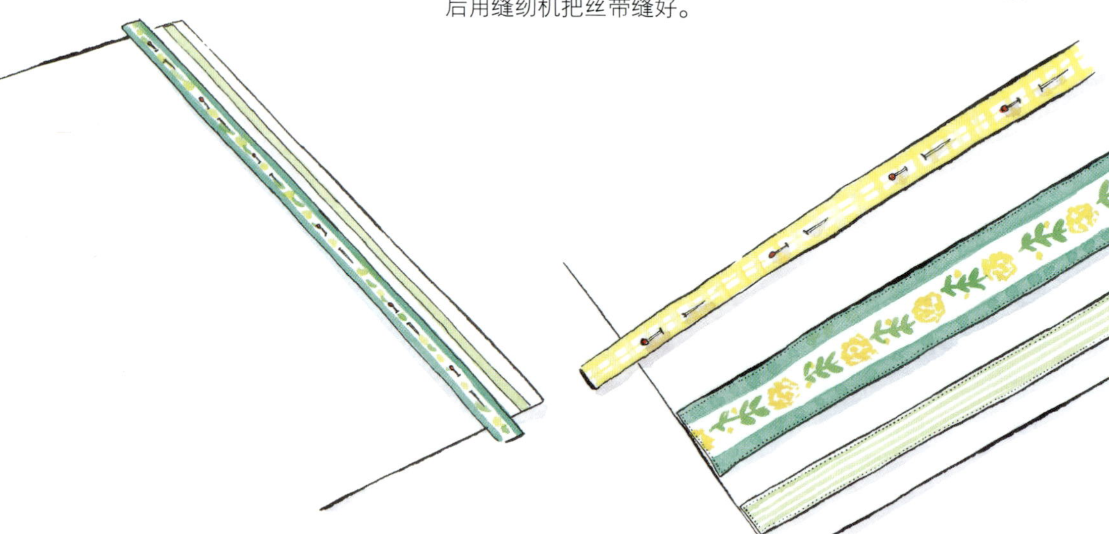

2. 与步骤1相同，裁一条宽3cm的丝带，用珠针固定在第一条丝带下方5mm的地方，并用缝纫机缝好。

3. 把最窄的那条丝带也按同样的方法，用珠针固定在第二条丝带下方1.5cm的地方，然后用缝纫机缝好。

材料及工具

长75cm的印花布

长25cm的素色布料

长50cm、宽5mm的丝带

长125cm的白色棉布

缝纫机

针以及粗细合适的缝纫线

注意：除特别说明外，本作品均需留出1.5cm的缝份。

印花布镶边枕套

只要给松软的白色棉制枕套用印花布镶边，就能使它变得更讨人喜欢了！还可以用同款印花布给床单镶边，一套送礼自用都很得体的床上用品就做成了。这样的床品，无论是作为结婚还是新居入伙的礼物都是不错的选择。

制作时间：1 小时

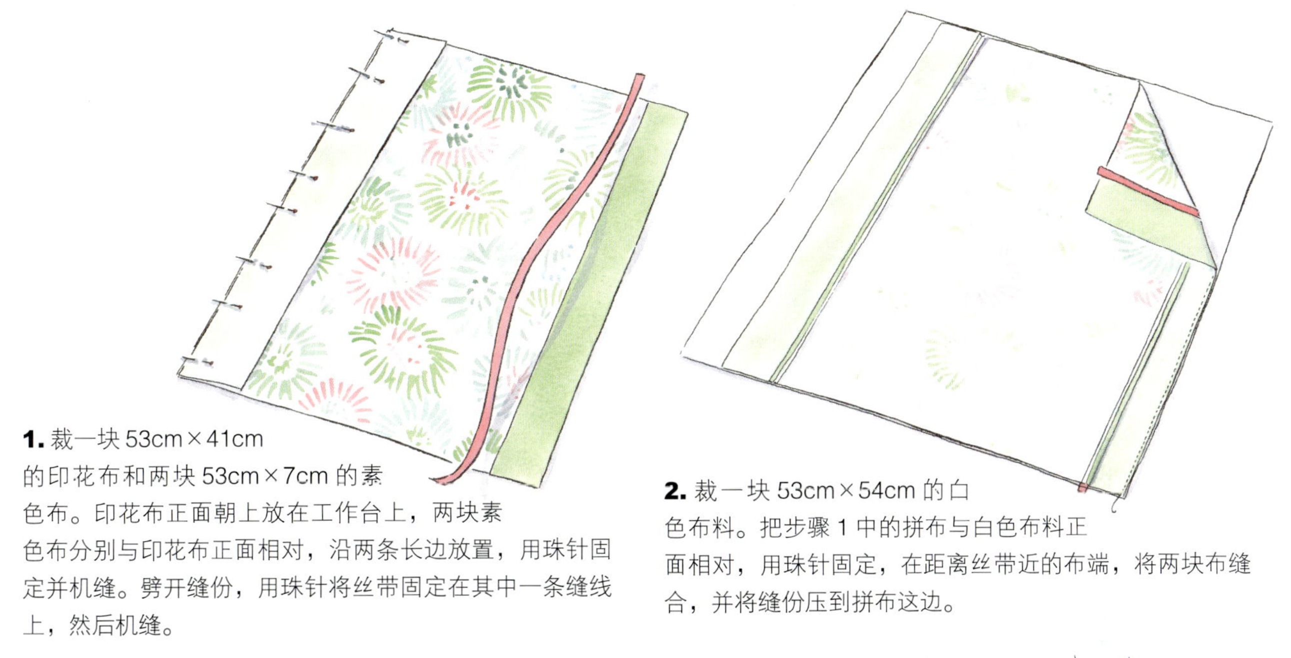

1. 裁一块 53cm×41cm 的印花布和两块 53cm×7cm 的素色布。印花布正面朝上放在工作台上，两块素色布分别与印花布正面相对，沿两条长边放置，用珠针固定并机缝。劈开缝份，用珠针将丝带固定在其中一条缝线上，然后机缝。

2. 裁一块 53cm×54cm 的白色布料。把步骤 1 中的拼布与白色布料正面相对，用珠针固定，在距离丝带近的布端，将两块布缝合，并将缝份压到拼布这边。

3. 将拼布另一端的素色布往里翻折 1.5cm 并熨平。然后，将拼布对折，反面相对，使其恰好折到步骤 2 中的缝份处，手工缝好并压平。

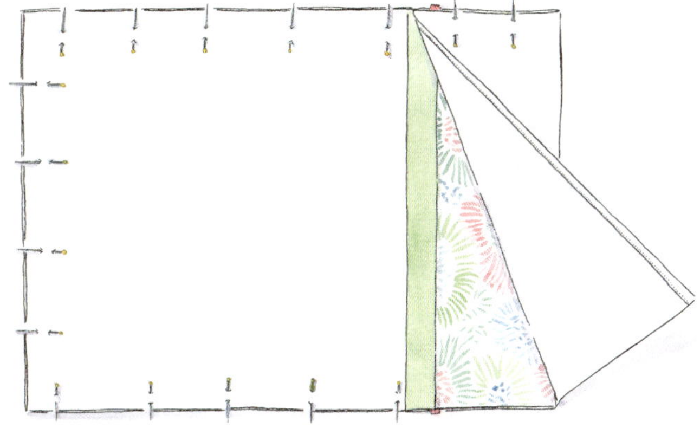

4. 裁一块 53cm×98cm 的白色布料，沿其中的一条短边，先往里翻折 1cm，再往里翻折 1.5cm，尽可能靠近布的边缘机缝。将白色布料与步骤 3 中的成品正面相对，毛边对齐，把刚才白色布料上已经锁边的一侧翻折到枕套的前面来，并用珠针固定。然后，沿着另一条短边和两条长边机缝，修剪多余的边角后把枕套的正面翻出来，压平。

小公主的床上套装

这套充满甜美气息的粉色床上用品适用于所有小公主的房间，而且制作方法出乎意料地简单！这套床上用品的中心采用的是大花布料，在两端镶上颜色协调的小碎花布条，最后，在枕套和羽绒被套的封口处缝上系带用的布条，一套小公主的床上用品就做好了！制作这款手工作品的关键在于：中间部分要选取花色夺目的花卉图案布料，而两边的布料要选用协调而不抢眼的小碎花图案，这样才不会喧宾夺主。

制作时间：5 小时

材料及工具

羽绒被套：

两块搭配协调的小碎花印花布（长75cm、宽150cm）
长125cm、宽150cm的花卉图案印花布
长250cm、宽150cm的布料（用作衬里）

枕套：

两块搭配协调的小碎花印花布（长75cm、宽150cm）
长75cm、宽150cm的花卉图案印花布
长75cm、宽150cm的布料（用作衬里）
缝纫机
粗细合适的缝纫线

注意：除特别说明外，本作品均需留出1.5cm的缝份。

制作羽绒被套：

1. 从搭配协调的小碎花印花布上各裁两块25cm×138cm的布料，两种布各取一块，正面相对，长边对齐，用珠针固定并机缝，劈开缝份。

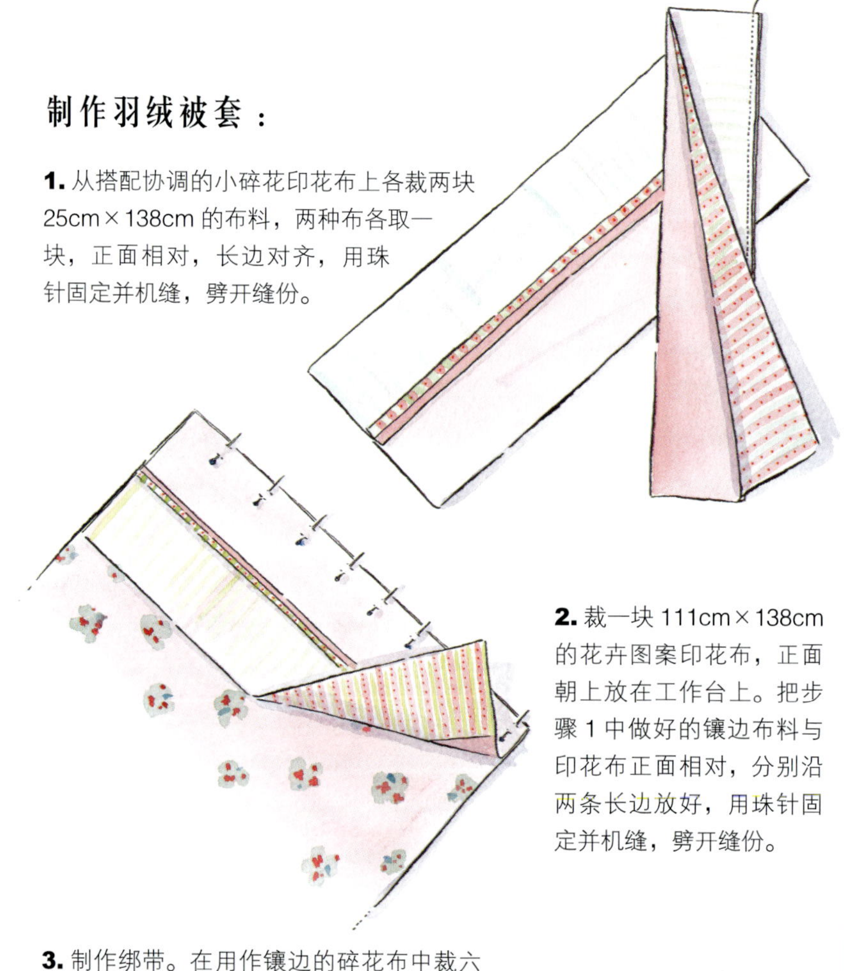

2. 裁一块111cm×138cm的花卉图案印花布，正面朝上放在工作台上。把步骤1中做好的镶边布料与印花布正面相对，分别沿两条长边放好，用珠针固定并机缝，劈开缝份。

3. 制作绑带。在用作镶边的碎花布中裁六块36cm×5cm的布条，先沿每条长边往里翻折1cm，再将每个布条的其中一条短边往里翻折1cm。如图，将布条纵向对折，并沿长边缝合，缝的时候尽量贴近边缘。

4. 裁一块 203cm×138cm 的布料作为羽绒被套的衬里。布料正面朝上，用珠针将三块布条间隔均匀地固定在其中一条短边上。再裁一块 39cm×138cm 的衬里，用作“盖子”，布料反面朝上，沿布的其中一条长边，先往里翻折 1cm，再往里翻折 1.5cm，然后机缝。使两块布正面相对，毛边对齐，先用珠针固定，再机缝，布条就被夹在两块布之间了。

5. 把步骤 2 中的成品反面朝上，沿着其中一条短边，先往里翻折 1.5cm，再往里翻折 1.5cm。把步骤 3 中制作的其余三条绑带均匀地塞进刚才折好的边里，沿折边把绑带缝好。接下来，把绑带 180° 翻折到外侧，并缝几针固定。

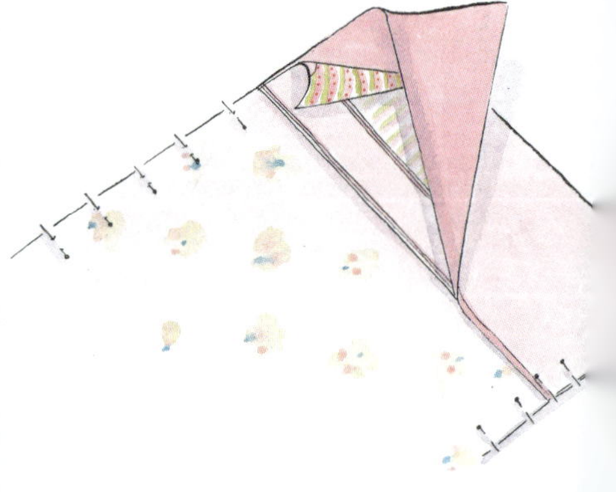

6. 把步骤 4 中制作好的被里正面朝上，放在工作台上，把步骤 5 中的成品正面朝下，两块布正面相对，毛边对齐。把衬里的“盖子”翻折到被面上来，盖住其中一小部分。沿着这两块布的长边以及短的毛边，先用珠针固定，然后机缝。修剪多余的边角，把被套的正面翻出来，压平。

制作枕套：

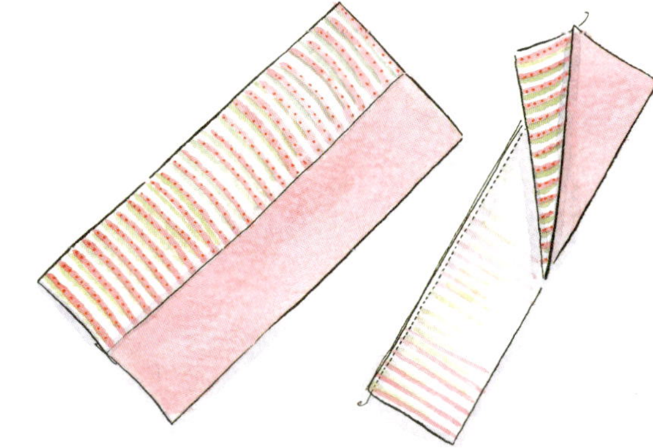

1. 从搭配协调的小碎花印花布上各裁两块53cm×12cm的布条，两种布各取一块，正面相对，用珠针固定并沿其中一条长边机缝，劈开缝份。裁一块53cm×41cm的花卉图案印花布，正面朝上放在工作台上，把刚才做好的镶边与印花布正面相对，分别沿两条长边放好，用珠针固定并机缝，劈开缝份。

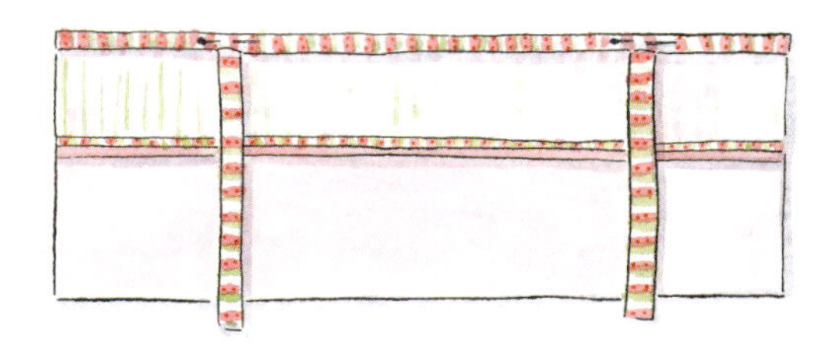

2. 按照制作羽绒被套中步骤3的方法，制作四条绑带。然后，按照制作被套中步骤5的方法，把其中的两条绑带缝到枕套的正面。

3. 裁一块78cm×53cm的衬里布料作为枕套的背面，裁一块19cm×53cm的衬里布料作为“盖子”。按照制作被套中步骤4的方法，给枕套的“盖子”包边。把用作枕套反面的那块布正面朝上放在工作台上，把剩下的两条绑带沿其中一条短边均匀地放好，把刚才已经包边的“盖子”正面朝下放在它的上方，毛边对齐，用缝纫机缝好。再按照制作被套中步骤6的方法，把枕套缝好。

拼布床罩

这款色彩丰富的拼布床罩是用美丽的花卉和波点图案的布料组成的，它选取了尺寸较大的方块布料，并由缝纫机缝合而成，既节省时间，又能增添几分朴实而温馨的气氛。需要注意的是，在制作此款床罩时，要选取克重相似的布料。

另外，此款床罩的主体应选用颜色相近的布料，同时辅之以几块对比鲜明的布料，从而给床罩增添一丝清新摩登的气息。最后，用丝带镶边，并加上各式各样的纽扣点缀，不仅起到装饰作用，还能巧妙地把床罩的各夹层都固定在一起。

材料及工具
长50cm的棉布（六种图案，每种一块）
图样纸
长150cm的底布
长150cm的轻质填充棉
缝纫机
针以及粗细合适的缝纫线
长490cm的丝带
各式各样的纽扣

注意：除特别说明外，本作品均需留出1.5cm的缝份。

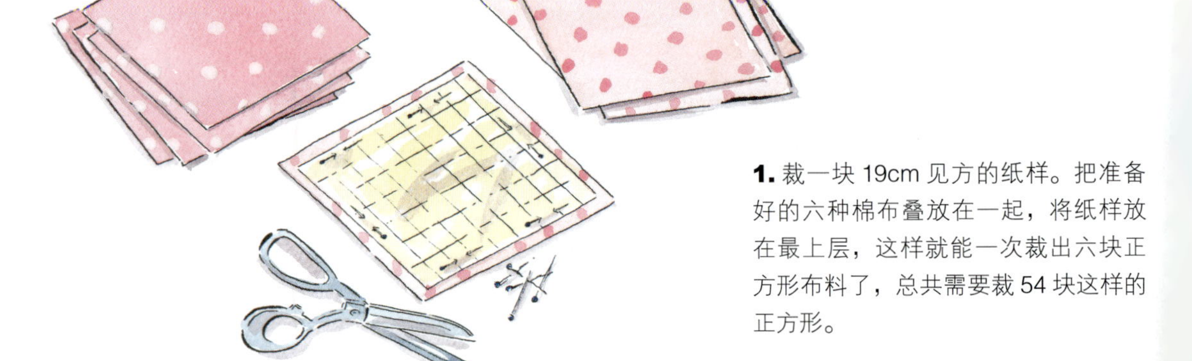

1. 裁一块 19cm 见方的纸样。把准备好的六种棉布叠放在一起，将纸样放在最上层，这样就能一次裁出六块正方形布料了，总共需要裁 54 块这样的正方形。

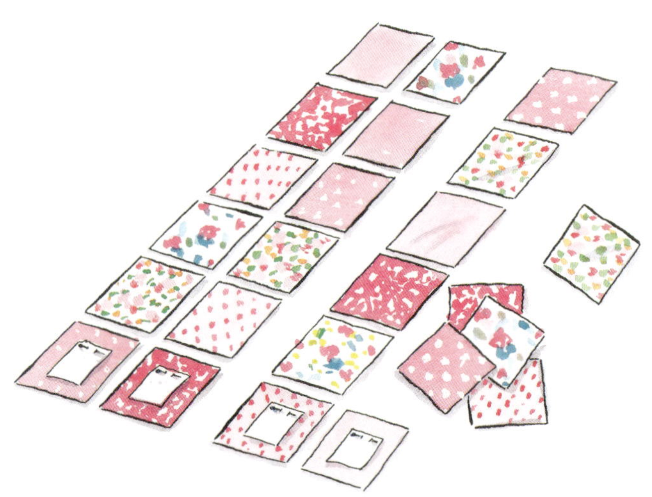

2. 把步骤 1 中裁好的方块布摆放在工作台上，每行摆六个，一共摆九行，调整花色搭配，尽量使相邻的两块布花色不同。摆好后，给每行第一个布块贴上纸质标签，并从 1 到 9 编号。

3. 从第一行开始，先用珠针固定，然后机缝，劈开缝份。剩下的八行按照同样的方式处理。

4. 把步骤 3 中缝好的布条按编号排列，缝份对齐，用珠针固定，然后机缝，劈开缝份。把纸质标签拿掉。

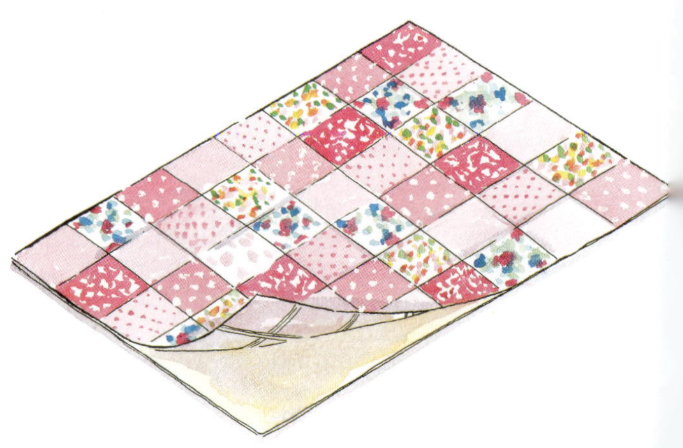

5. 如图，把底布放在工作台上，依次放上填充棉和步骤 4 中的成品。用珠针把三层固定在一起，然后照着顶层的拼布尺寸来修剪下面两层，修剪完后取掉珠针。

6. 先把底布放到一边，将拼布和填充棉用珠针固定在一起并从中心向外侧疏缝：先从中心到四个角，再从中心到四条边的中点。

7. 把步骤 6 中的成品正面朝上放在工作台上，将底布正面朝下放在上方。按照步骤 6 中的方法，先用珠针固定并从中心向外侧疏缝，然后用缝纫机沿周边缝好，在其中一条边留 30cm 左右的返口。修剪多余的边角和缝份。

8. 把正面翻出来，压平，手工将返口缝合。用珠针把丝带固定到被罩四周（离边缘 1.5cm），先疏缝，后机缝。在转角处，将丝带修剪成 45° 斜角，使拼接显得整齐而漂亮。收尾时先把丝带往下翻折一点，然后再缝几针。

9. 手工把各式各样的纽扣缝在床罩上，纽扣随机排列即可，但是要使缝线穿过所有夹层。

糖果抱枕

制作时间：2 小时

这款糖果抱枕选用了具有浓郁中国风情的布料，既亮眼又实用。抱枕的主体布料夹在与其色调相同的两块条纹布料之间，两者结合得天衣无缝，另外，选用充满现代感的同色系小圆点丝带作点缀，使抱枕看起来更加精致。收口时，我们只要制作简单的绑带就行了。这款抱枕没有复杂的工序，很快就能做好。如果想减少制作时间，可以将封口的绑带换成素色的宽丝带。

材料及工具
长57cm的印花布
长65cm的条纹布
长115cm的丝带
长48cm的糖果形抱枕枕芯

注意：除特别说明外，本作品均需留出1.5cm的缝份。

1. 裁一块 41cm×57cm 的印花布和两块 65cm×57cm 的条纹布。将两块条纹布分别沿印花布的两条长边放置，正面相对，用珠针固定并机缝。劈开缝份，将拼布正面朝上放在工作台上，分别将两条丝带机缝到两条缝份的位置，将缝线覆盖，压平。

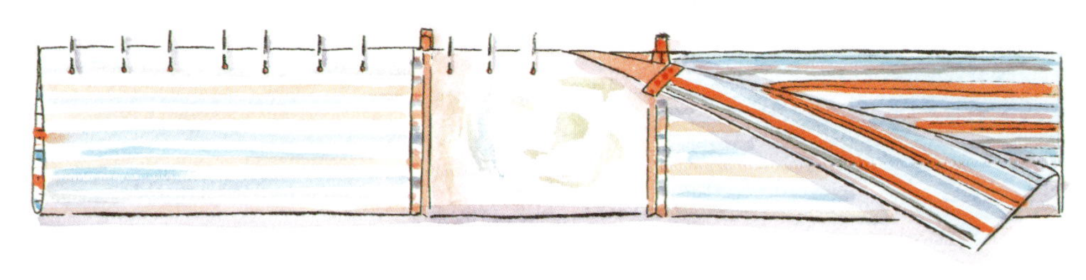

2. 把步骤 1 中的成品纵向对折，正面相对，毛边对齐，用珠针固定并机缝，然后压平。

3. 沿步骤 2 中成品的两条短边各往里翻折 1.5cm，压平。如图，把条纹布的部分往外翻折，与步骤 1 中印花布和条纹布的拼接线对齐。手工将刚才折好的边缝到拼接线的位置处。把抱枕套的正面翻出来并压平。

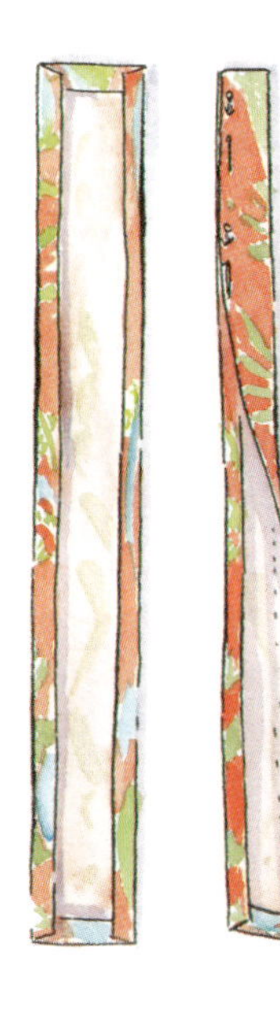

4. 制作绑带。裁两块 52cm×9cm 的印花布。布的反面朝上，沿两条短边分别往里翻折 1.5cm，压平，长边也按同样的方式处理。将布条纵向对折，使其边缘对齐，尽量贴近边缘，用缝纫机缝好并压平。把糖果形抱枕枕芯装进做好的枕套里，绑带分别系在抱枕的两端。

材料及工具
15mm厚的中密度纤维板，尺寸为60cm×“床的宽度”
电钻
厚填充物
快干手工胶
圆点印花布（适量）
波浪形编织带（适量）
规格为4cm×4cm的纽扣
长25cm的布料（用来包纽扣）
尺寸为4cm×2cm的双眼纽扣
长150cm、宽22mm的格子丝带
针以及适用于缝制室内装饰用品的缝纫线
两块5cm×2.5cm的木头作支撑用（木头的实际长度要视床头的高度而定）

计算所用布料的尺寸：

圆点布料的长度为“床头板宽度的2倍+25cm”，而波浪形编织带的长度则是“床头板宽度的2倍+床头板高度的4倍”。最后，还要裁一块和床头板同样大小的填充物。

软垫床头板

制作时间：3小时

这款软垫床头板的制作方法极为简单，只需要简单的缝纫技巧。床头板垫了一层填充物，并用颜色粉嫩的圆点布料作为表布。纽扣外面包裹着从旧桌布上裁下的刺绣布，当然，你可以选取任何碎布来代替桌布。最后，用两层波浪形编织带给床头板镶上花边，使成品更显精致。

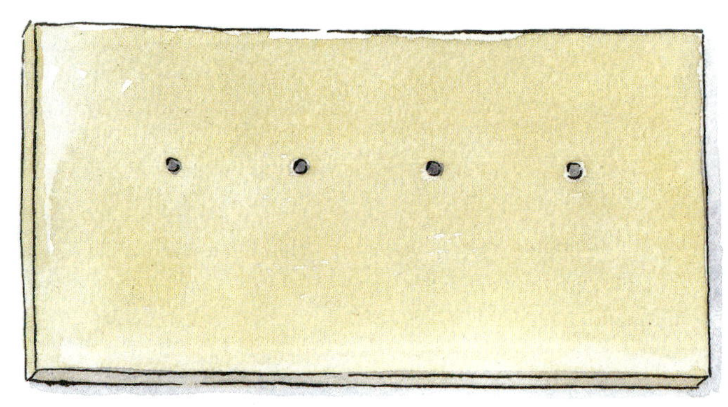

1. 把床头板的宽度分为五等份，从床头板的顶端垂直往下量出一份的长度，在该处画一条水平线。然后，在这条线上把五等份的四个节点都标记出来，在所有标记的节点上用电钻钻一个小孔。

2. 裁一块和床头板同样大小的填充物，给床头板涂上快干手工胶，把填充物粘到床头板上。

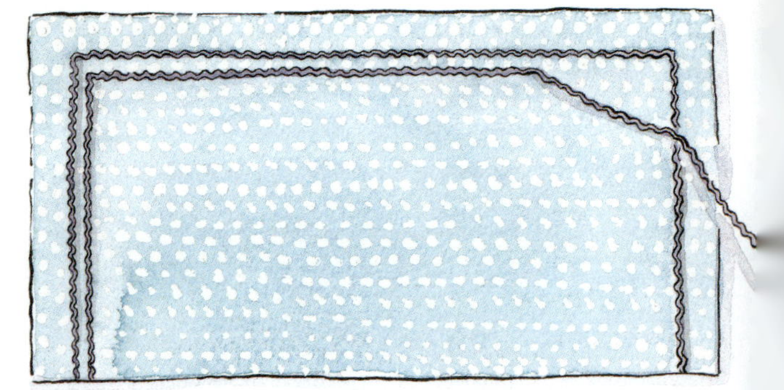

3. 量好床头板的尺寸后，宽和高上都加上25cm，然后按照这个尺寸裁一块圆点布料。布的正面朝上，在距布边11cm的地方，沿一条长边和两条短边用珠针将波浪形编织带固定，然后机缝。在距离第一条花边5mm的地方，按照同样的方式再固定一条花边。

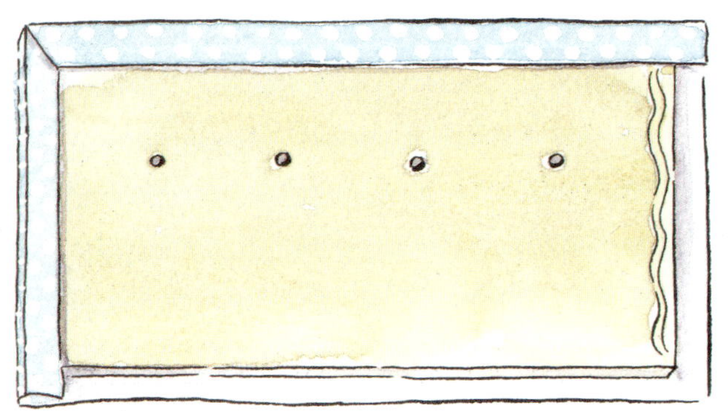

4. 把布熨平，并将床头板放在布的正中央，把多余的布料翻折到床头板的背面，然后再用快干手工胶固定。注意将转角处折叠平整，并且不要让正面出现褶皱。

5. 裁一块宽和高都比床头板多 4cm 的圆点布料，反面朝上，布的四条边都往里翻折 5cm，折好后熨平。用快干手工胶把布粘在床头板的背面，粘的时候注意使布保持平整，不能有褶皱。

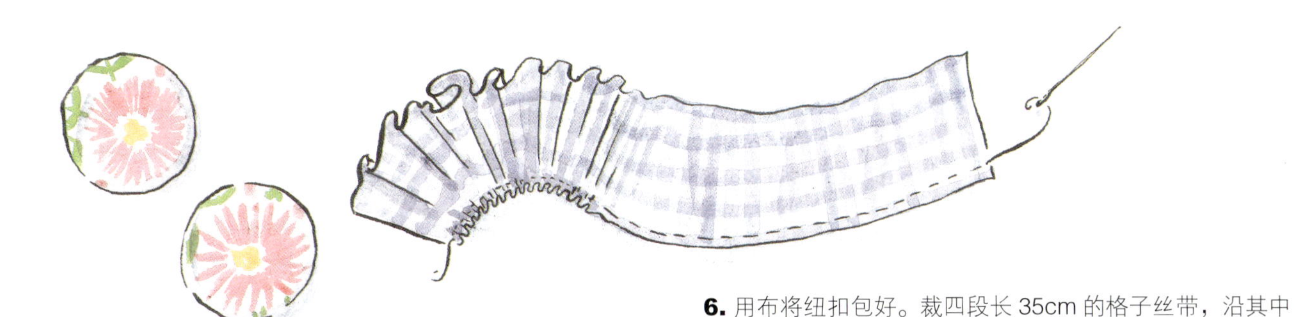

6. 用布将纽扣包好。裁四段长 35cm 的格子丝带，沿其中一条长边用平针缝好，缝至末端时将线拉紧，使丝带形成花朵的样子。把丝带花放到布包纽扣的背后，调整到合适大小后，在丝带上缝几针使花朵的形状固定。

7. 把缝制室内装饰用品用的针线穿好，在线的末端打结。先把线穿过一个普通的双眼纽扣，然后从床头板背面穿过板子上的孔，使纽扣牢牢卡在床头板背面。在床头板正面，将线依次穿过丝带花和布包纽扣，然后通过床头板上的孔再次穿回到背面。按照同样的方式，把另外三朵花也缝到相应位置。

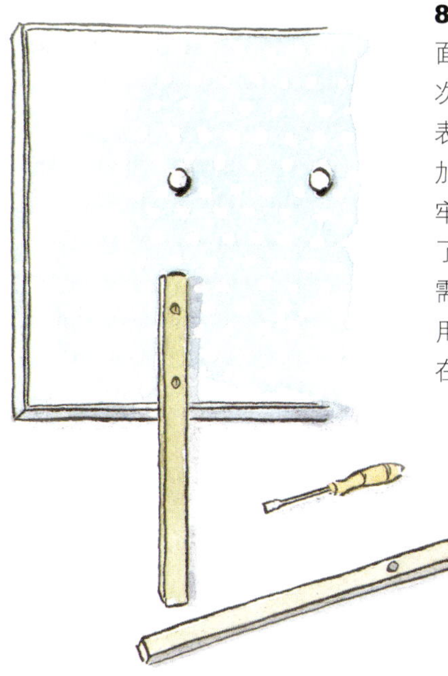

8. 把针从板子的背面穿出，如此反复几次。最后，在板子表面的布料上缝几针加固，这样，花朵就牢牢固定在床头板上了。然后，根据实际需要，裁两块木板，用螺丝刀把木板固定在床头板的背面。

花朵毛毯

制作时间：20 分钟（一朵花）

用复古风格纽扣制成的色彩鲜艳的花朵，能使平淡无奇的素色毛毯骤添光彩。制作花朵时，可以选用毛毡或其他不容易磨损的材料。把花朵缝到毛毯的角落，或者让花朵遍布整个毛毯，形成花团锦簇的样子。这些花朵也可以用来制作胸针或者装饰帽子和包包。

材料及工具
五种不同颜色的细灯芯绒布料
长50cm的奇异衬
本书第169页的图样
描图纸、铅笔以及图样纸
各式各样的纽扣
素色羊毛毯
针以及粗细合适的缝纫线
锯齿剪刀

1. 按照奇异衬的使用说明，把它熨在彩色布料背面。把第 169 页的图样（包括大花瓣、小花瓣以及整朵花的形状）描到纸上并裁下。在纸上裁一个直径为 3cm 的圆。把花瓣的形状描在布的背面并裁下。每朵完整的花需要八片大花瓣和五片小花瓣。

2. 如图，用针线把大花瓣的尖端缝在一起，组成一朵大花。

3. 如图，用针线把五片小花瓣的尖端缝在一起，组成一朵小花，把它缝在大花朵的中央，并在中心缝一颗纽扣。用步骤 1 中的整朵花纸样，裁出需要的数量。用锯齿剪刀在不同颜色的布料上剪出圆形作为花蕊，数量视花朵的情况而定。把花蕊缝到花朵中央，并在中心缝一颗纽扣。

4. 把花朵按照喜欢的顺序排在毯子上，然后将它们手工缝上去。

花朵与绿叶灯罩

制作时间：2.5 小时

材料及工具
圆形灯罩
圆规
描图纸、铅笔以及图样纸
四种不同花色的小碎花布若干块，每块长25cm（用以制作花朵）
长25cm的绿色布料（用以制作叶子）
针以及粗细合适的缝纫线
各式各样的纽扣
绒球花边（花边的长度要比灯罩的底部周长长1cm）
宽5mm的丝带（丝带的长度要比灯罩的顶部周长长1cm）
快干手工胶

想让普通的素色灯罩增添几分色彩吗？只需要在悠悠中心缝一颗纽扣，然后将它们粘到灯罩上并在四周贴几片叶子即可。

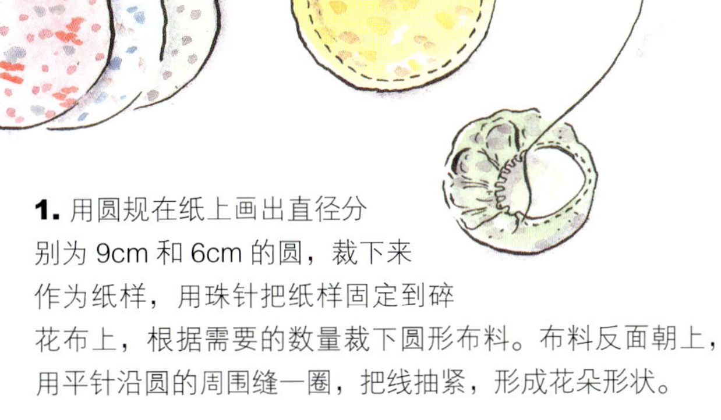

1. 用圆规在纸上画出直径分别为 9cm 和 6cm 的圆，裁下来作为纸样，用珠针把纸样固定到碎花布上，根据需要的数量裁下圆形布料。布料反面朝上，用平针沿圆的周围缝一圈，把线抽紧，形成花朵形状。

2. 把线拉紧并多缝几针使花朵定型，然后在每朵花的中央缝一颗纽扣作为花蕊。在纸上画出叶子的形状并裁下，用珠针把纸样固定到绿色布料上，为每朵花裁一到两片叶子。

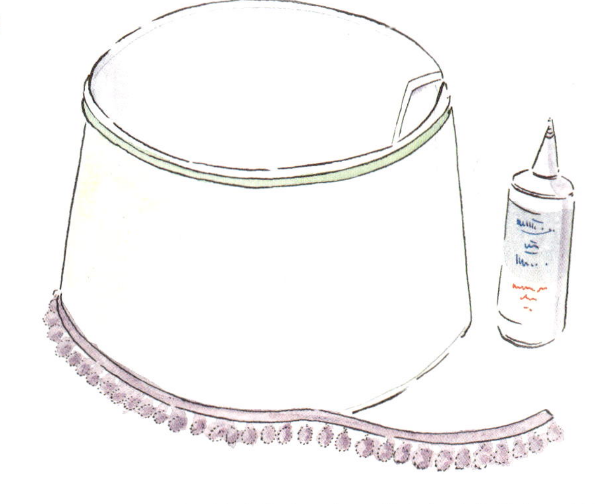

3. 用快干手工胶把绒球花边沿灯罩的底部边缘粘好，首尾相接的地方稍微重叠。在胶水晾干之前，确保花边没有贴歪，且没有出现翻折。再用同样的方法，将丝带沿灯罩顶部粘一圈。

4. 把之前做好的布花贴在灯罩上，贴的时候稍微按压几秒，确保它们粘牢后再松手。在树叶背面涂薄薄的一层胶水，并把它贴在花朵周围，每朵花配一到两片叶子。

丝带镶边超薄窗帘

制作时间：2.5 小时

现在市面上出售的超薄布料常常既可爱又美观，拿它来制作窗帘不仅实用，还能带来不同凡响的效果呢！另外，我还用丝带和波浪形编织带镶边，使得窗帘更漂亮了。

材料及工具
超薄布料
五种不同式样的丝带和波浪形编织带（长度为“窗帘的宽度+10cm”）
缝纫机以及粗细合适的缝纫线

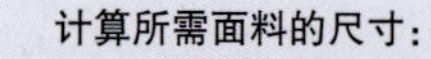

计算所需面料的尺寸：

如果你希望窗帘拉上后看起来比较平整、没多少褶皱，在计算窗帘尺寸时，只需要给窗户的长和宽各加5cm。如果你希望窗帘拉上后看起来松松的、有些褶皱，那么在计算布料的宽度时，则需要在窗户宽度的基础上增加25%。

1. 根据计算好的尺寸，裁一块超薄布料。把五种不同式样的丝带和波浪形编织带按照喜欢的顺序排列在布料底端。注意，最下边的那条丝带距离布料边缘至少4cm，留出锁边的空间。依次用珠针固定、疏缝、机缝，最后将丝带多余的部分修剪一下。

2. 把窗帘布的反面朝上，沿着它的两条长边先往里翻折 1cm，再往里翻折 1.5cm，压平。用珠针固定并机缝。

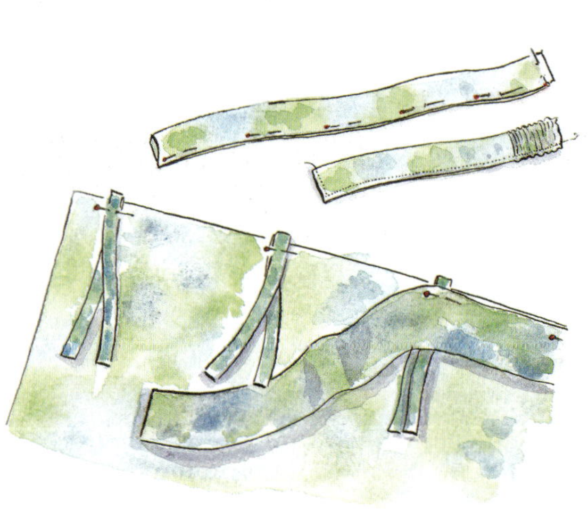

3. 确定需要制作的绑带数量。两端的绑带放置在距离窗帘边缘 3cm 的位置，其余绑带之间的间隔为 16cm。制作一对绑带的步骤如下：裁一块43cm×13cm 的布料，使其正面相对，纵向对折，将布料的长边和其中的一条短边用缝纫机缝合，翻出正面，把刚才未缝合的毛边往里翻折 1.5cm，然后手工缝合。把做好的绑带对折，用珠针固定到窗帘正面的顶端。裁一块布料，使其长度与窗帘的宽度相同、宽为 8cm，沿窗帘顶端放好，正面相对，将绑带夹在中间，先用珠针固定，然后沿边缘机缝。

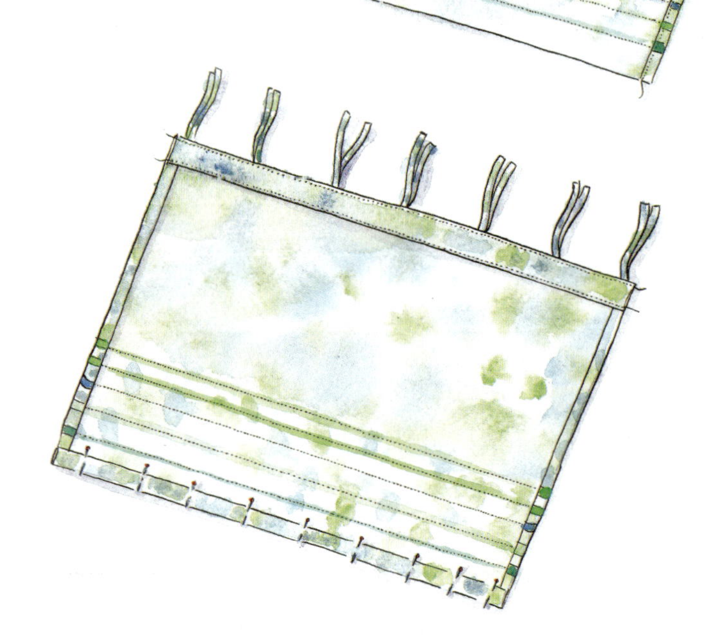

4. 把步骤 3 中缝好的布条翻折到窗帘的反面，然后沿着剩下的那条毛边往里翻折 1.5cm，用缝纫机将布条与窗帘缝到一起。将窗帘的底端先往里翻折 1cm，再往里翻折 1.5cm，机缝然后压平。

第四章

工作及玩耍区域用品

抽绳玩具袋

制作时间：2 小时

你还在烦恼玩具太多，没地方放吗？这款漂亮又实用的抽绳玩具袋就能很好地帮你解决这个问题，它由零碎的布头拼接而成，并点缀了可爱的布花。在一天的嬉戏玩耍之后，你只需要把玩具扔进去，然后挂在挂杆上，就能轻松收纳玩具了。当然，你还可以用它储存小型健身器材或芭蕾舞鞋。

材料及工具

材料及工具
三种可以搭配的印花布（各25cm）
长50cm的布料（用作底布）
三种可以搭配的丝带（各45cm）
长125cm的绳子
缝纫机
本书第171页的图样
针以及粗细合适的缝纫线
碎布头
直径为3cm的纽扣

注意：除特别说明外，本作品均需留出1.5cm的缝份。

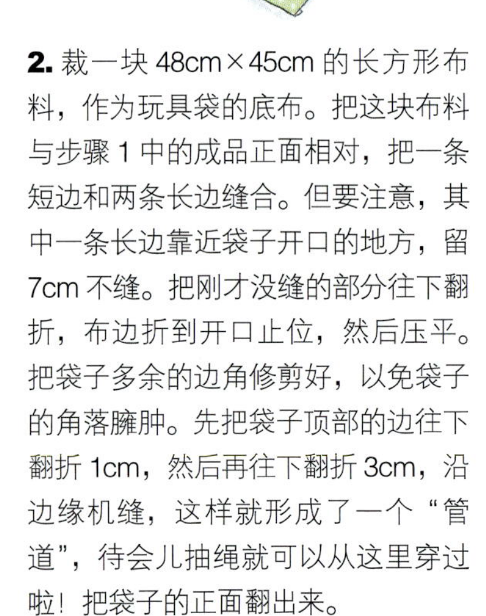

1. 从三块可以搭配的印花布上各裁一块 45cm×18cm 的长方形。先将其中两块布正面相对，用珠针沿长边固定并机缝，另外一块布按照同样的方式处理。劈开缝份，分别在两条缝线上各覆盖一条丝带，用珠针固定，机缝然后压平。

2. 裁一块 48cm×45cm 的长方形布料，作为玩具袋的底布。把这块布料与步骤 1 中的成品正面相对，把一条短边和两条长边缝合。但要注意，其中一条长边靠近袋子开口的地方，留 7cm 不缝。把刚才没缝的部分往下翻折，布边折到开口止位，然后压平。把袋子多余的边角修剪好，以免袋子的角落臃肿。先把袋子顶部的边往下翻折 1cm，然后再往下翻折 3cm，沿边缘机缝，这样就形成了一个“管道”，待会儿抽绳就可以从这里穿过啦！把袋子的正面翻出来。

3. 裁两条长 21cm 的丝带，把它们缝在一起做成双面的带子，这样就更加牢固啦！如图，把做好的带子缝在玩具袋背面正中间、“管道”的下方。缝的时候，带子的两端要往里翻折 1cm。把绳子穿过“管道”，将两头露出来。裁两块 7cm×8cm 的布料，分别正面相对，并横向对折，用缝纫机将其中两条边缝合。把正面翻出来，将上方边缘往下翻折 1cm，然后把绳子的末端分别塞进这两个口袋里。用缝纫机沿着口袋的边缘把它们缝合。

4. 用本书第 171 页的图样，从五种不同的碎布头上各裁两片花瓣。把每对花瓣正面相对地用珠针固定在一起，然后沿边缘机缝，留一个返口。把花瓣的正面翻出来，将返口缩口缝好。把五个花瓣缝在一起组成一朵花，并将其手缝到袋子上，花心处缝一颗纽扣将接合处遮住。最后，把每朵花瓣的背面往袋子上缝几针，这样花朵就牢牢固定在袋子上了！

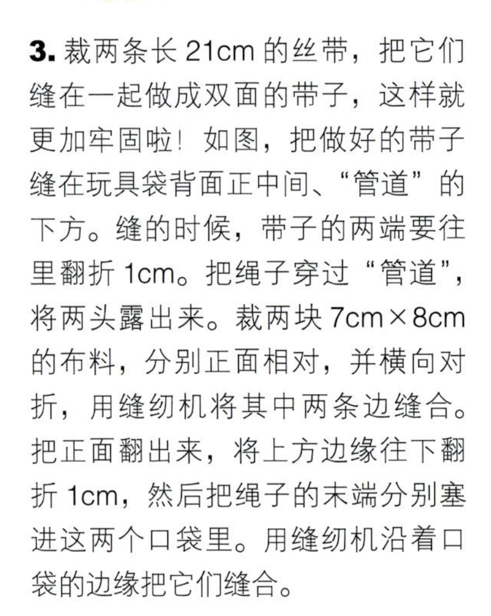

花布衬里储物篮

制作时间：1.5 小时

这款花布衬里储物篮既实用又美观，有了它，你就再也不用担心一些物件会被勾丝了。你还可以用这款储物篮储存亚麻布料、衣物或者玩具等等。

计算所需面料的尺寸：

计算盖在篮子四周所需面料的尺寸，需要量出篮子开口处外缘的周长，并在此基础上加 3cm。接下来，测量篮子的高度，加上需要翻折到外侧的长度，并在此基础上加 1.5cm。

计算盖在篮子底部所需面料的尺寸，先量出篮子底部的长和宽，然后在此基础上各加 3cm。

另外，还需要测量丝带的长度。量出篮子开口的周长以及把手需要的长度，并且在此基础上加 120cm。

材料及工具
印花布
宽15mm的丝带
缝纫机以及粗细合适的缝纫线
篮子

注意：除特别说明外，本作品均需留出1.5cm的缝份。

1. 根据计算好的尺寸，裁出盖住篮子四周所需的布料（见上图）。然后，使布料正面相对，首尾相接的部分用珠针固定在一起。把拼接好的布料反面朝外，放到篮子里试试尺寸大小是否合适（布料的尺寸应该能刚好围着篮子一周，既不能太松，也不能太紧），将高出篮子的部分翻折到外侧，确保布料不要箍得太紧。确定好尺寸后，取出来机缝，劈开缝份。

2. 把步骤 1 中做好的衬里反面朝外，重新放回篮子里，边角的部分需要用手指按压，使衬里和篮子紧密相连。边角处多余的布料用珠针固定并疏缝，然后，再把衬里拿出来，用缝纫机把角落处缝好（如果篮子的四个角是直角，这一步就可以省略了）。

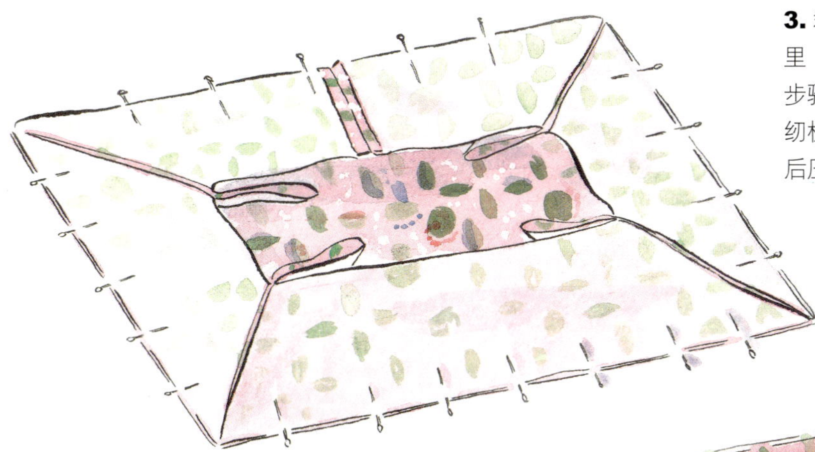

3. 裁一块长方形布料，用来做篮子底部的衬里（布料尺寸的计算方法见本书第 86 页）。把步骤 2 中的成品与这块布料正面相对，并用缝纫机缝在一起。缝完后，修剪多余的边角，然后压平。

4. 把刚刚做好的衬里放进篮子，标记出把手的位置。分别将两侧把手位置的布料裁掉，取出衬里。

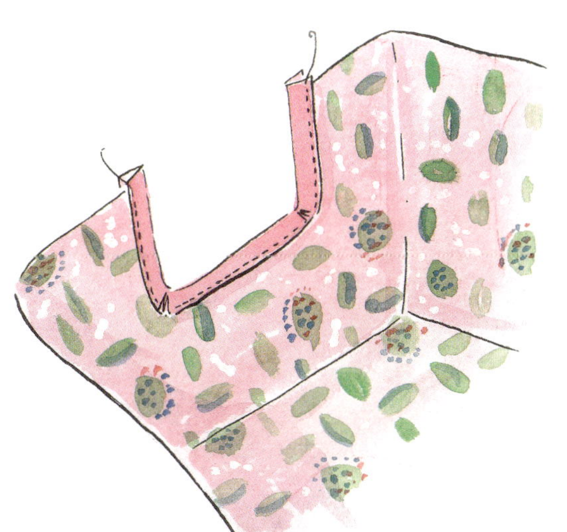

5. 裁出长度适中的丝带，使其长度比把手的底边和两条侧边之和稍微长一点。把丝带纵向对折，然后压平。先用珠针把丝带固定在衬里上的把手位置，然后疏缝并机缝。注意，在转角处把丝带折好，保持转角的平整。

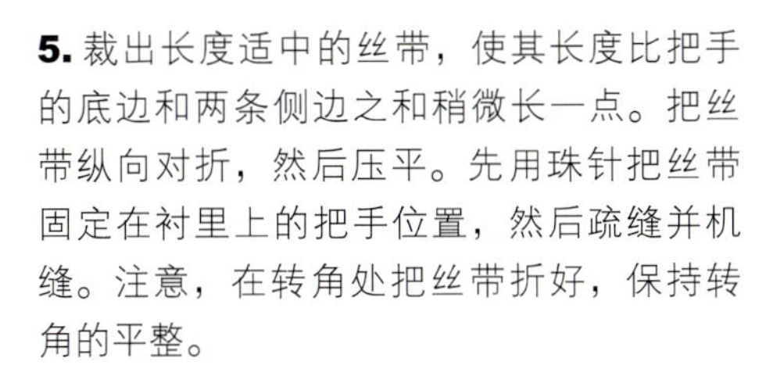

6. 裁一段比衬里的一条边长 60cm 的丝带，使其反面相对，纵向对折，压平。先用珠针把丝带固定在衬里的边缘，两端各留出 30cm（如图），然后疏缝并机缝。另一条边也按照同样的方式处理。把衬里放回储物篮，将两端留出的丝带系成漂亮的蝴蝶结。

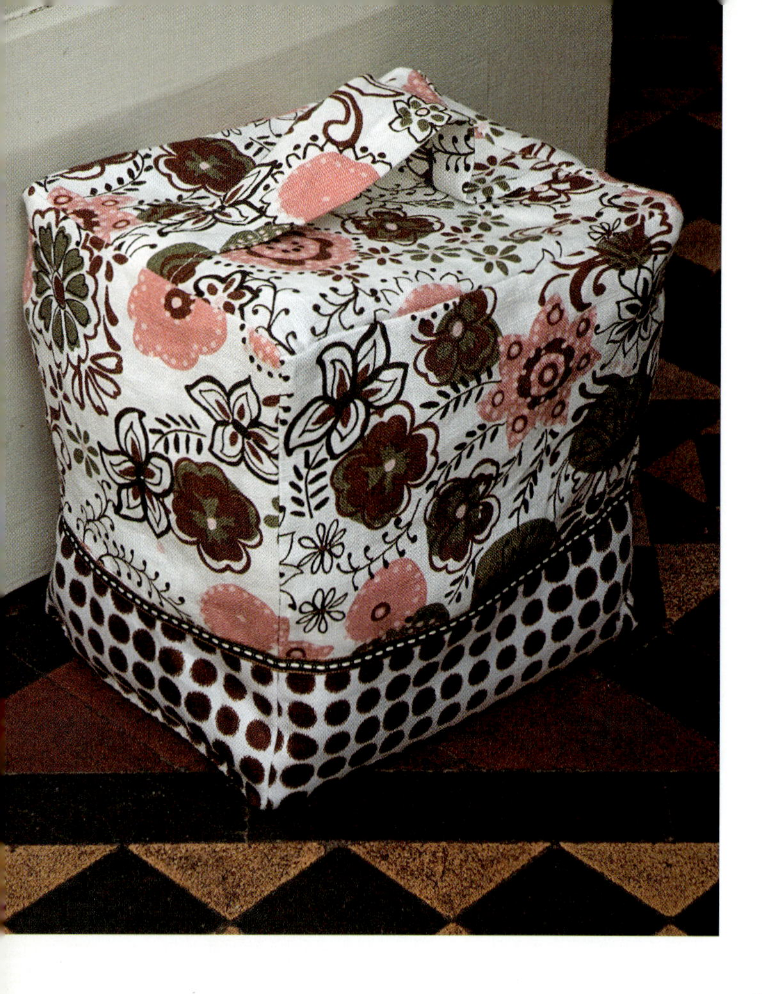

布艺门挡

制作时间：2.5 小时

这款由色彩鲜艳的大花图案布料和圆点图案布料做成的门挡既时髦又实用。需要的时候，可以把它搬到任意地方。你还可以简化它的制作方法：只用一种布料来制作，并用宽的棉丝带替代门挡上方的布料把手。

材料及工具
长25cm的印花布
长25cm的圆点布
长75cm、宽5mm的丝带
硬卡纸
烘干的豆子
填充物
缝纫机以及粗细合适的缝纫线

注意：除特别说明外，本作品均需留出1.5cm的缝份。

1. 裁两块 21cm×15cm 和两块 18cm×15cm 的印花布，以及两块 21cm×9cm 和两块 18cm×9cm 的圆点布。

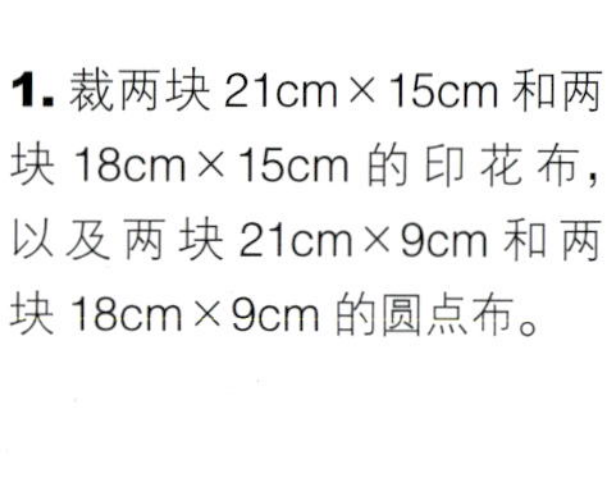

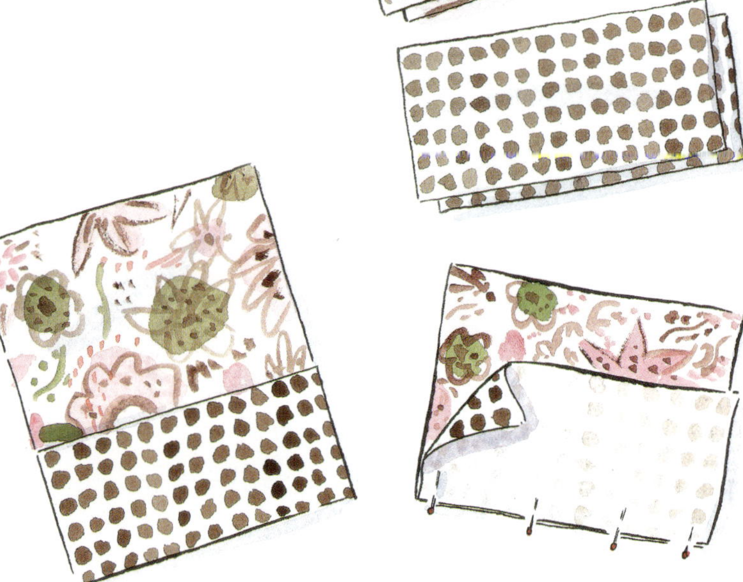

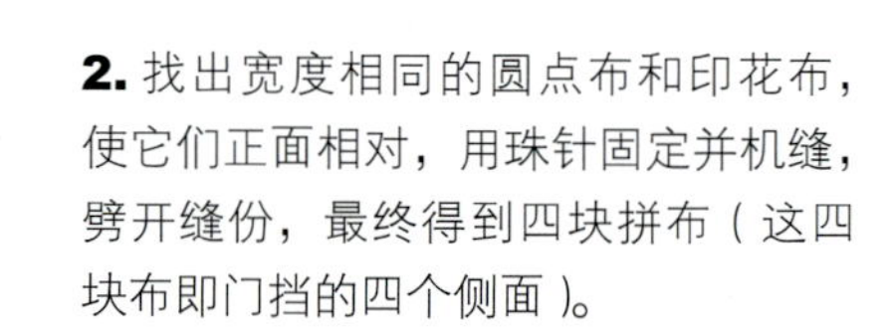

2. 找出宽度相同的圆点布和印花布，使它们正面相对，用珠针固定并机缝，劈开缝份，最终得到四块拼布（这四块布即门挡的四个侧面）。

3. 用珠针将四条丝带分别固定到四块拼布的缝线上，并用缝纫机缝好。

4. 裁两块 21cm × 18cm 的布料（圆点布和印花布各一块），分别用来做门挡的顶部和底部。

5. 裁一块 25cm × 11cm 的印花布，用来做把手。把布条纵向对折，使其正面相对，沿布条的长边用珠针固定并机缝。把布的正面翻出来，压平。把布条用珠针固定到门挡顶部正中间的位置，布条的两端往下翻折。在布条的两端分别缝一个与布条同宽、长为 5.5cm 的长方形针迹，把手就牢牢地缝在门挡上了。

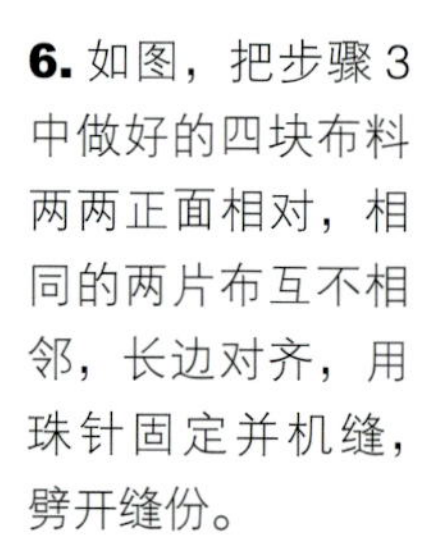

6. 如图，把步骤 3 中做好的四块布料两两正面相对，相同的两片布互不相邻，长边对齐，用珠针固定并机缝，劈开缝份。

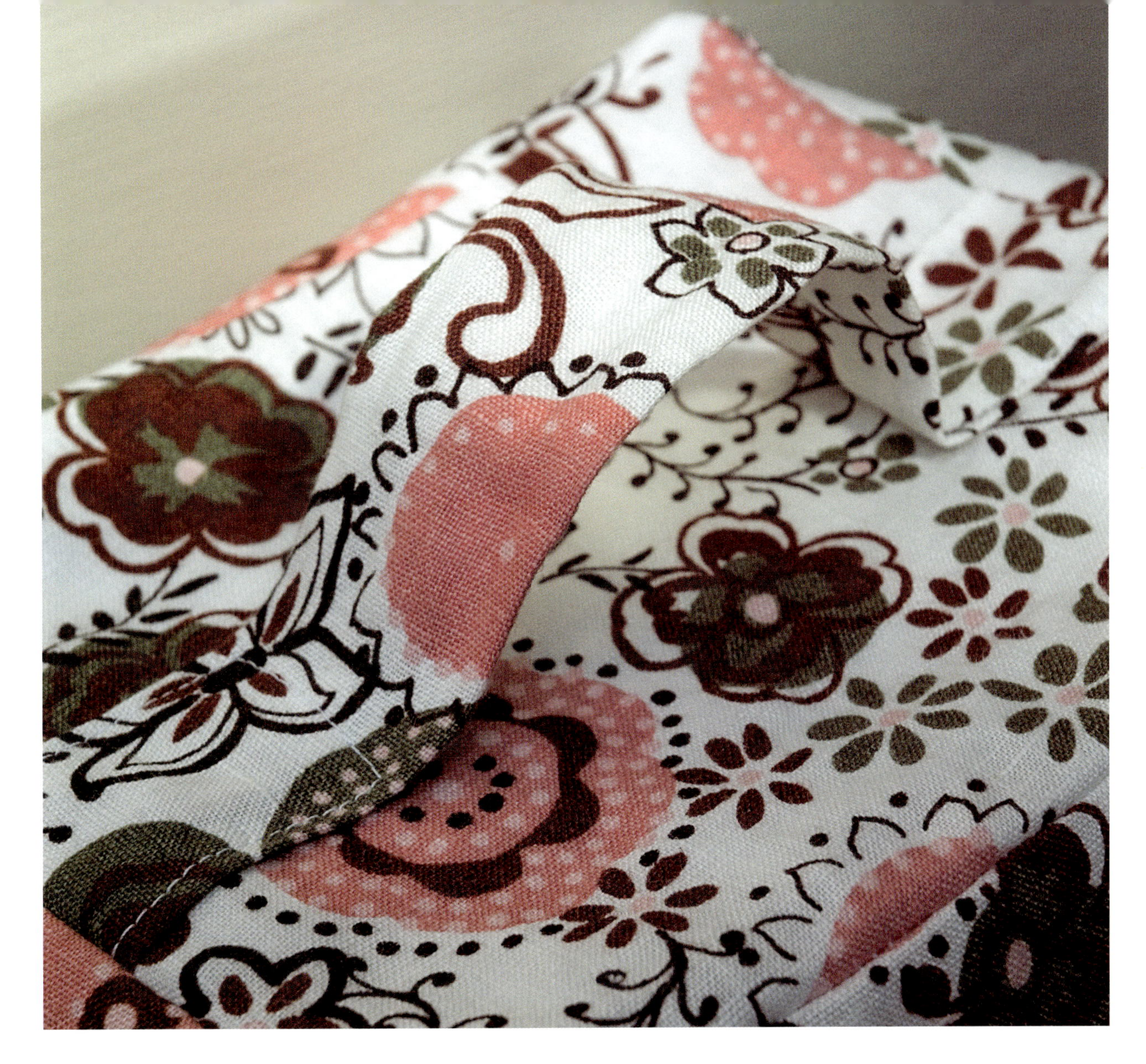

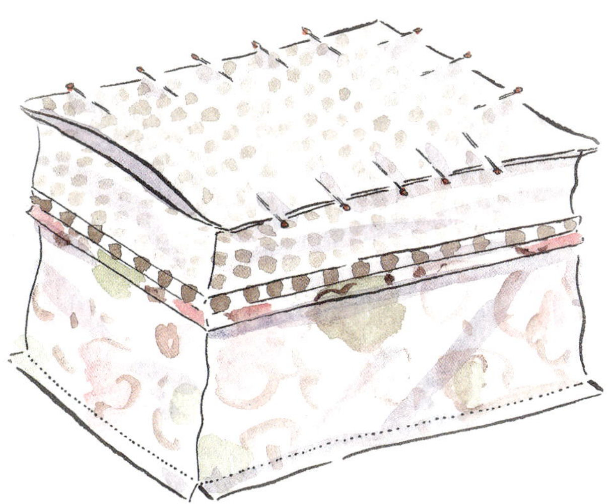

7. 把门挡的顶部和步骤 6 中的成品正面相对，用珠针固定并机缝，修剪多余的边角。用同样的方法，把门挡的底面也和侧面缝在一起，留一条短边不缝。把正面翻出来，然后压平。

8. 裁两块 18cm × 15cm 的卡纸，把它们塞进刚刚做好的盒子里，底部和顶部各一块。先用填充物把盒子的一半填满，然后用烘干的豆子把盒子完全填满（当门挡摸起来比较坚挺的时候即可）。最后，手工将返口缝合。

146
145
144
141
140
UNE GROSSE
FABRICA

缝纫工具包

制作时间：3 小时

有了这款小巧精致的工具包，你的针、线、纽扣、珠针就有安稳的家了！你可以随时随地带着它们到处走动。这款工具包用色彩鲜艳的圆点布料做封面和包边，用红色毛毡做内衬，不仅可以收纳缝纫工具，还可以放文具、画具等。实在是方便极了！

材料及工具
长50cm的红色毛毡
长50cm的圆点布
长50cm的中等厚度胶衬
缝纫机以及粗细合适的缝纫线
大号按扣
大号纽扣
工具包里的缝纫工具：绣线、缝纫针、珠针、卷尺、纽扣、画粉等

注意：除特别说明外，本作品均需留出1.5cm的缝份。

1. 用锯齿剪刀裁一块 42cm×24cm 的红色毛毡，用熨斗熨平。如图，在距离短边 10cm 的地方用珠针作折叠标记。

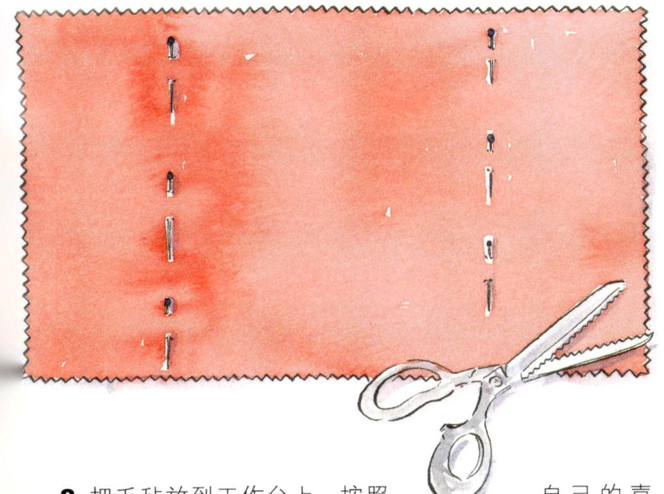

2. 把毛毡放到工作台上，按照自己的喜好排列缝纫工具，排的时候注意避开折线。用圆点布料裁一些宽 2cm 的布条，长度视需要固定的缝纫器材大小而定，并在此基础上，每个布条的长再增加 3cm。把长方形的每条边都往下翻折 1.5cm，然后熨平。用锯齿剪刀裁出比圆点布条的每条边长 5mm 的毛毡，然后用缝纫机把圆点布缝在对应的毛毡上。

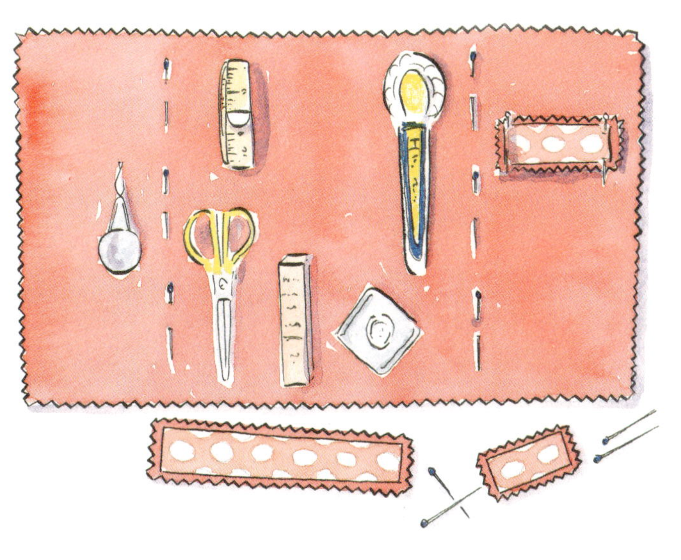

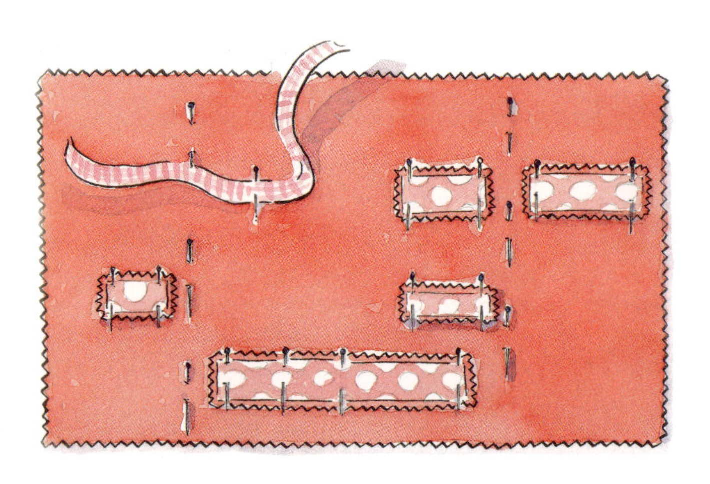

3. 把步骤 2 中做好的毛毡衬底的圆点布条缝在大块毛毡布的相应位置上。在预留好放卷尺的地方缝一条长 30cm 的丝带（可以先将丝带对折找出中点，然后从中点落针，将丝带固定到毛毡上）。

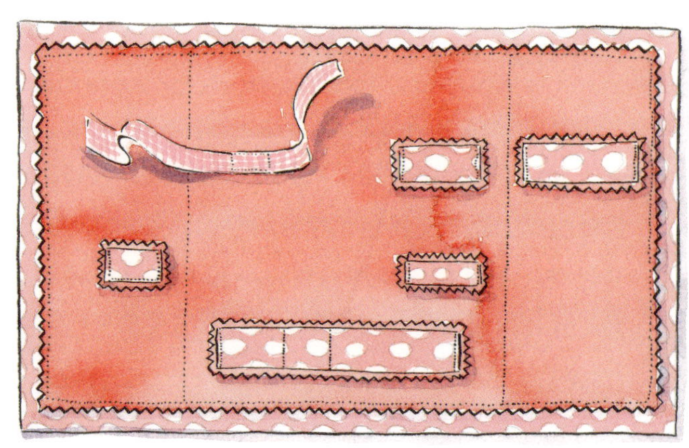

4. 裁两块 30cm×47.5cm 的圆点布料和两块同样大小的胶衬。把胶衬的糙面朝下，分别放在两块圆点布料的背面。然后，在上面垫一块湿布，用中等温度的熨斗把胶衬熨在布的背面。把步骤 3 中做好的毛毡放在其中一块圆点布料正面的正中央。

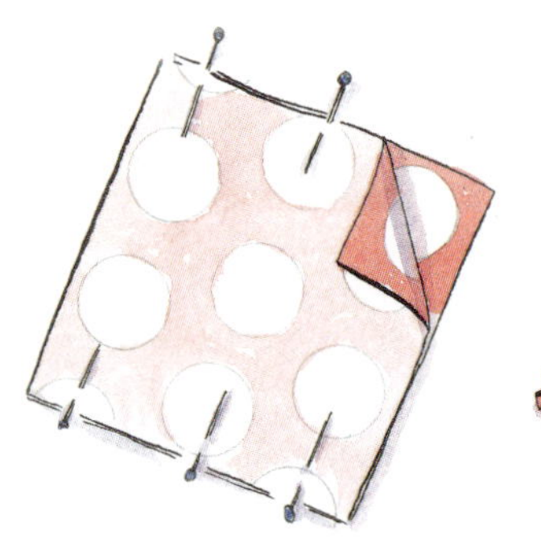

5. 裁两块 7cm 见方的圆点布料，使其正面相对，先用珠针固定，然后用缝纫机将其中的三条边缝合。把缝份修剪到 5mm，然后把正面翻出来，压平。

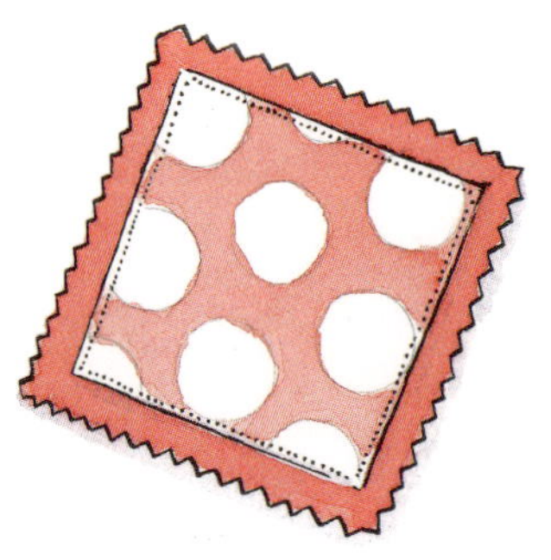

6. 用锯齿剪刀裁一块边长比刚才做好的圆点布料每条边长 5mm 的毛毡。把圆点布料放在毛毡的正中央，并用缝纫机将两片布料缝合到一起。

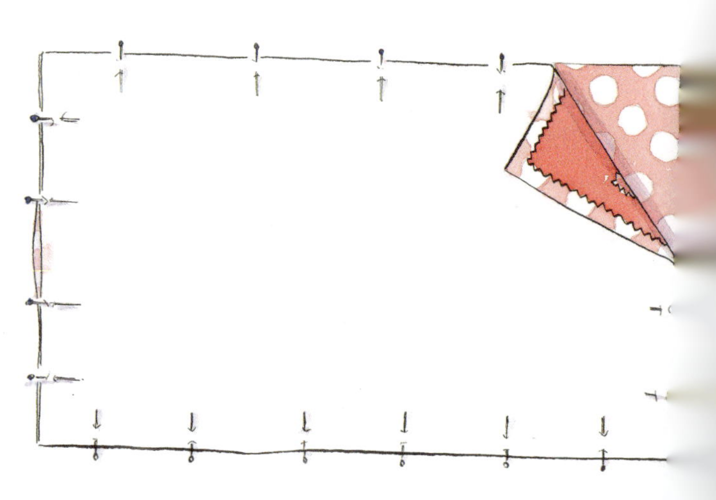

7. 使收纳包的正面和背面两块布正面相对，毛边对齐，用珠针固定，把步骤 6 中做好的搭扣布夹在其中一条短边的中间位置。用缝纫机沿周边缝好，在其中一条边上留 8cm 的返口。修剪多余的边角，把正面翻出来，熨平。

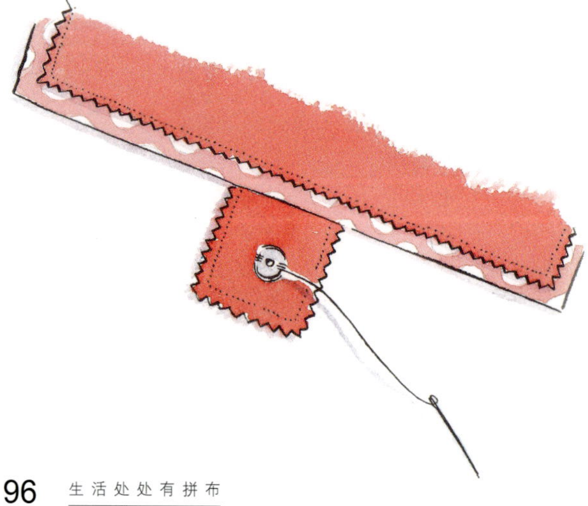

8. 手工将返口缝合，把按扣的一半缝在搭扣布的内侧，另一半缝在收纳包外侧与之相对应的位置上。

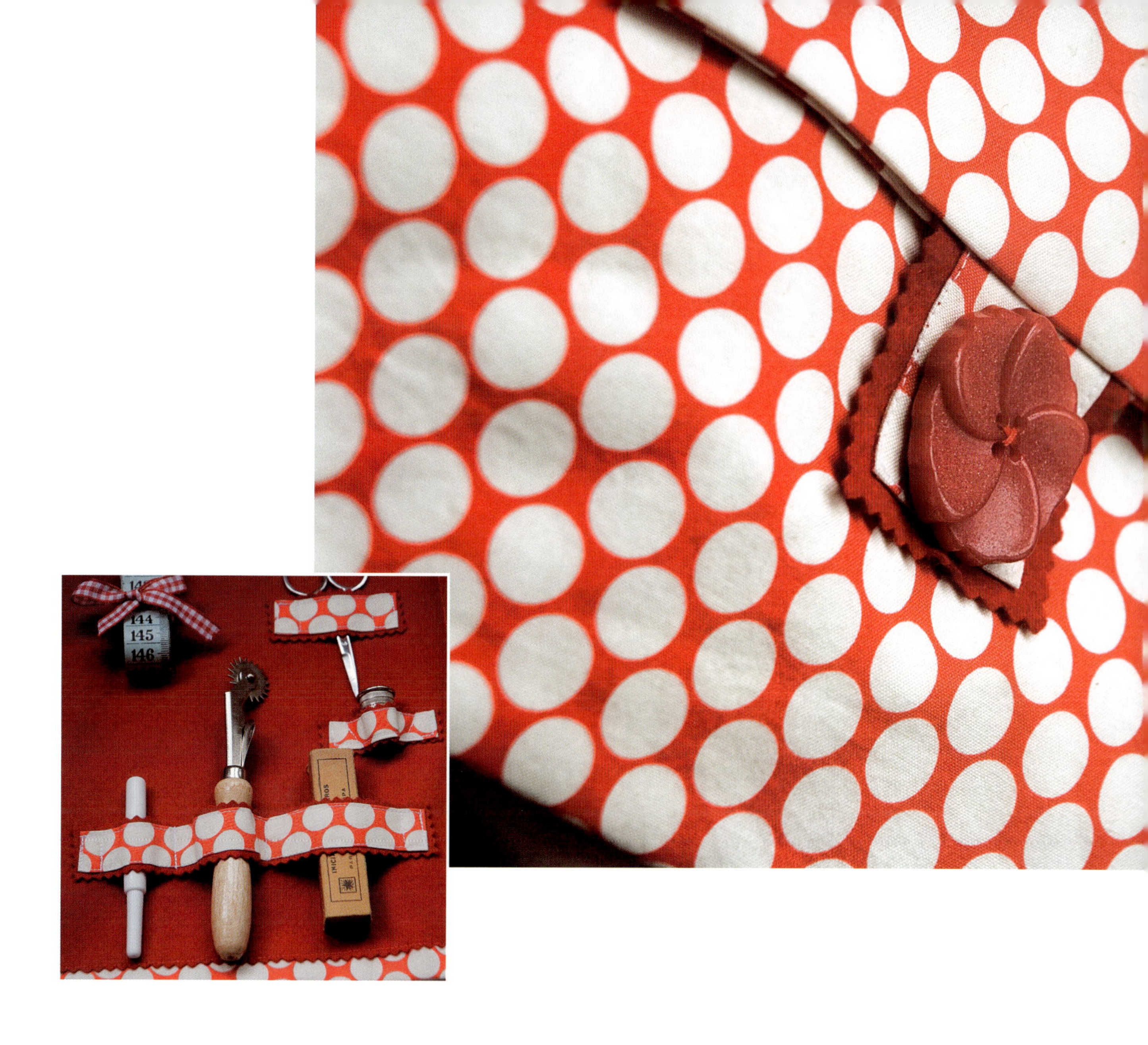

9. 将纽扣牢牢地缝在搭扣布外侧，把收纳包熨平。现在，把缝纫工具放进去吧！

布艺收纳盒

制作时间：2 小时

材料及工具
两种颜色可搭配的布料
厚卡纸
美工刀、钢尺以及切割板
缝纫机以及粗细合适的缝纫线
针和线

注意：除特别说明外，本作品均需留出1.5cm的缝份。

计算所需面料的尺寸：

首先，你需要确定盒子的尺寸，即它的高度和底部边长各是多少。将四个面的水平边长加起来，并在此基础上加 3cm，得到围布的长；在盒子高度的基础上加 3cm，得到围布的宽。另外，测量盒子底部的长和宽，并各加 3cm，这才是底部布料的最终尺寸。

这款收纳盒是在家办公必不可少的好帮手。你可以制作一系列不同尺寸的收纳盒，并将文具或信件分类收纳。

1. 先做把手。裁一块 15cm×7.5cm 的布料。把布料纵向对折，用珠针固定并沿长的毛边机缝，翻出正面，把短边往下翻折 1.5cm，熨平。

2. 将用作收纳盒侧面的布条正面朝上放在工作台上，在距离布条短边 1.5cm 的地方用珠针做标记，并从标记处开始，量出盒子的宽度。把步骤 1 中做好的把手用珠针固定在布条上，并在把手的一端用缝纫机车一个方形针迹；把手的另一端也用珠针固定，并机缝固定。

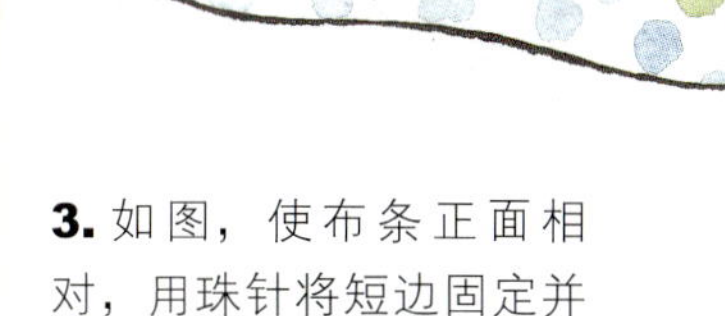

3. 如图，使布条正面相对，用珠针将短边固定并机缝，劈开缝份。

4. 使步骤 3 中的成品与底部布料正面相对，用珠针固定并机缝。缝的时候注意：把手要位于其中一条短边的正中央。

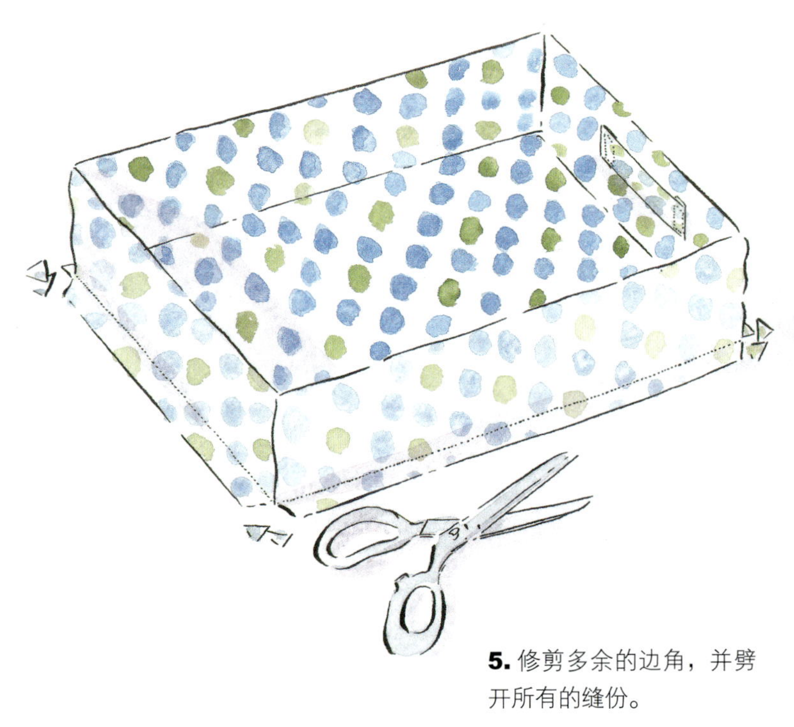

5. 修剪多余的边角，并劈开所有的缝份。

6. 在另一种布料上裁出同样规格的布料用作衬里。使布料正面相对，用珠针把短边固定并机缝，劈开缝份。接下来，把侧面的衬里和底部的衬里正面相对，先用珠针固定，再机缝，留一条短边不缝。缝好后，修剪多余的边角，劈开缝份。

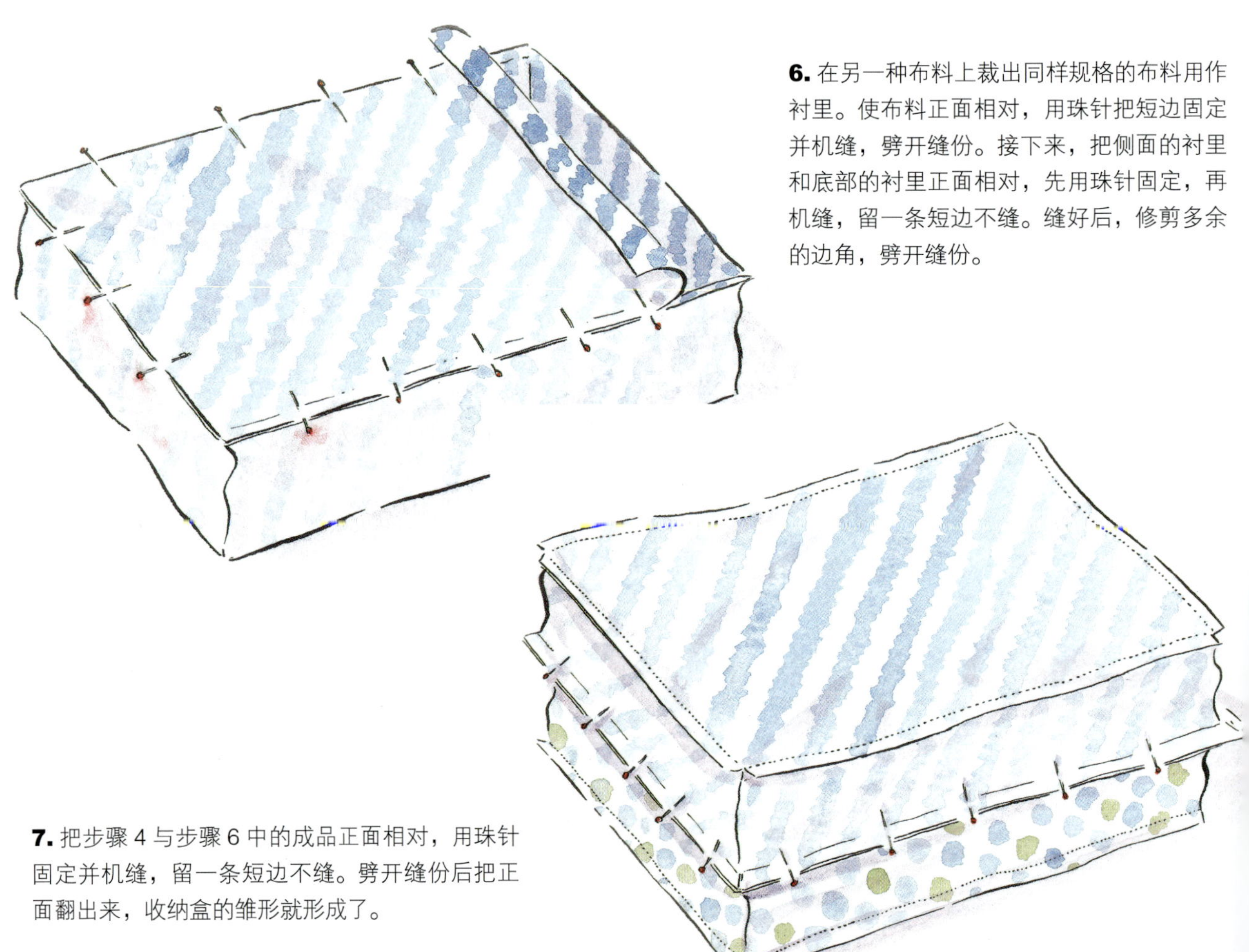

7. 把步骤 4 与步骤 6 中的成品正面相对，用珠针固定并机缝，留一条短边不缝。劈开缝份后把正面翻出来，收纳盒的雏形就形成了。

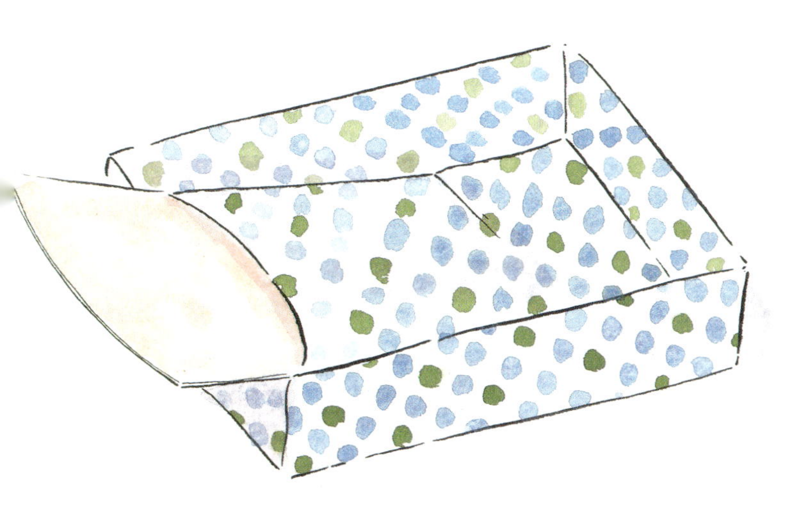

8. 裁一块和储物盒底部大小相同的硬卡纸。把它从刚才没缝合的那条边塞进盒子底部。然后，再各裁两块与盒子侧面长边和短边尺寸相同的硬卡纸，把它们分别塞进各个侧面两块布之间的夹层里。

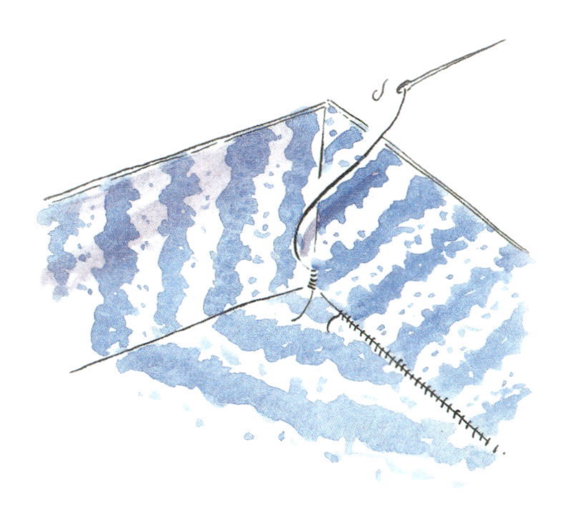

9. 手工将返口缝合。在每个转角处多缝几针加固，使线穿过所有夹层，将衬里牢牢固定。

LYME REGIS

留言板

制作时间：1 小时

这款既时髦又实用的留言板制作起来非常简单，只需掌握简单的缝纫针法。它既可以用来粘贴便笺或购物清单，也可以用作照片墙，展示家庭成员的可爱照片。我所使用的木夹比晾衣服用的木夹要小，并且在手工原料店都能购买到。在这款设计方案中我选用纽扣来装饰木夹，你也可以给木夹上色，使它们与面料的风格相匹配。

材料及工具
尺寸为60cm×44cm的硬纸板
喷胶
长75cm的铺棉
长75cm的条纹布料（用作表布）
长25cm的花卉图案布料
胶枪以及通用胶棒
小型晾衣夹（在手工艺品商店可以买到）

1. 裁一块 60cm×44cm 的铺棉。在硬纸板的一面喷上喷胶，将铺棉小心地贴上去，用力压平，使铺棉和纸板紧密地粘在一起。

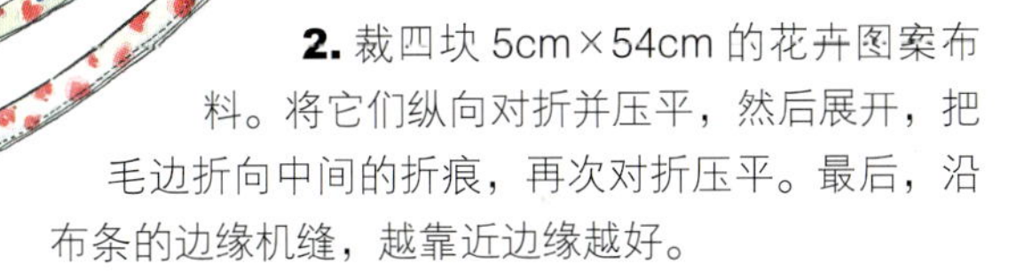

2. 裁四块 5cm×54cm 的花卉图案布料。将它们纵向对折并压平，然后展开，把毛边折向中间的折痕，再次对折压平。最后，沿布条的边缘机缝，越靠近边缘越好。

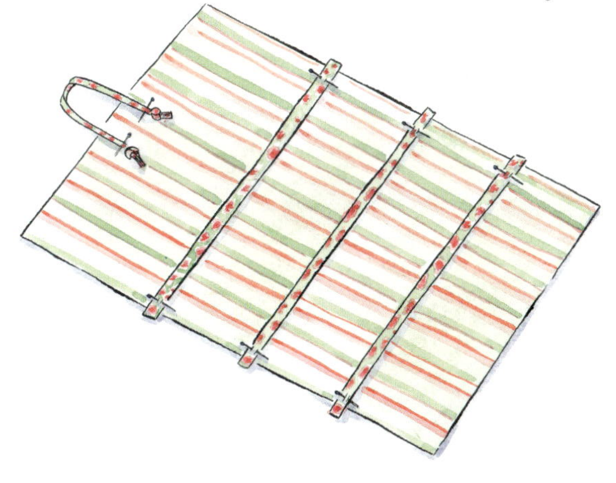

3. 裁一块 70cm×54cm 的条纹布料。如图，用珠针依次将步骤 2 中的三块布条固定在条纹布上，注意，布条要与硬纸板的边缘垂直。第一块布条固定在距离布的底端 20cm 的地方；第二块布条与第一块布条之间相距 14cm；第三块布条与第二块布条之间也相距 14cm。然后，用缝纫机把布条缝在条纹布上。缝的时候要注意，布条的两端都要留出大约 5cm 的长度不缝。最后，把剩下的那块布条在两端打结，并且把它缝在距离布的顶端 5cm、距离布的两边各 17cm 的地方。

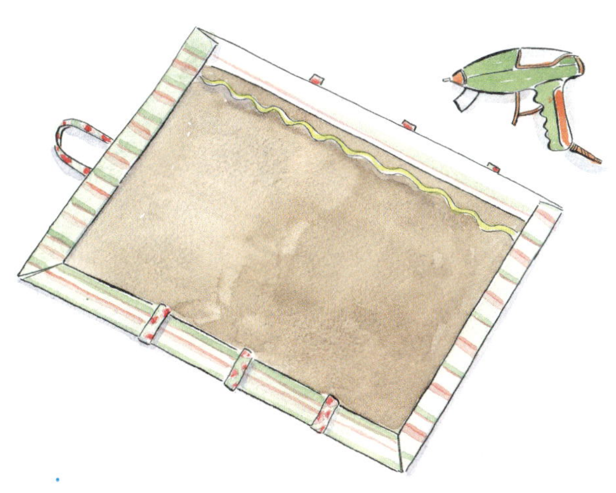

4. 把步骤 3 中的成品正面朝下放在工作台上，把纸板放在它的上方，使有铺棉的那一面朝下。把多余的布料翻折到纸板背面，并用胶枪固定，注意将边角处折叠平整，并尽量将布料拉紧。

布边相框

制作时间：1.5 小时

有了这款相框的衬托，那些珍藏的家庭照片就更能引起大家注意了。选一个边框较粗的相框，并用原色亚麻布包边，以色彩柔和的丝带作点缀，最后在角落里缝几朵漂亮的丝带花，整个相框就会显得既高雅又特别啦！

材料及工具
一个相框
亚麻布
两种不同颜色的缎带
长175cm、宽22mm的丝带（颜色与缎带相搭配）
针和线
八颗小号装饰扣
缝纫机以及粗细合适的缝纫线
快干手工胶

1. 裁一块边长比相框长 8cm 的亚麻布，并根据裁下的亚麻布的边长裁四条相应的缎带（任选一种颜色即可）。然后，如图，在离布端 5cm 的地方，用珠针将四条缎带固定并机缝。

2. 在缎带内侧距离各边 5mm 的地方，用珠针固定另一种颜色的缎带，转角处折叠平整，用缝纫机缝好。

3. 在亚麻布的正中央裁掉一块比相框的内框边长小 1.5cm 的长方形，在布料内框的四个直角处，分别剪一个深 1.5cm 的 45° 牙口，这样就形成了四个"小盖子"。把相框放在亚麻布背面，把刚才的四个"小盖子"分别翻折到相框背面，并用快干手工胶固定，用手使劲按压一会，使其牢牢粘住。把亚麻布外侧也包裹到相框上，转角处折叠整齐，并用快干手工胶固定。

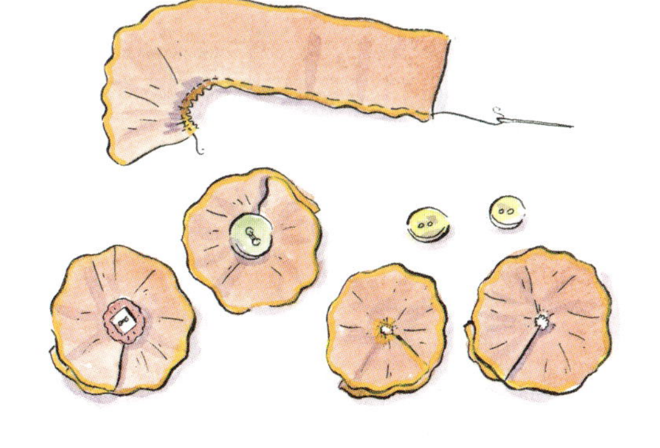

4. 裁八条长 20cm 的丝带。沿丝带的底端用平针缝一条针迹，把线抽紧，使其形成花朵的形状。在末端缝几针加固，并在花心处缝一颗扣子。最后在相框的四个角各粘两朵丝带花。

坐垫

制作时间：1 小时

你可以在家里准备一堆坐垫，坐在上面沉醉在书的世界里；来客人时，也不用愁没有座位啦！每个坐垫选用两种不同的布料，在坐垫的中央缝一颗纽扣，并用同样的布料把扣子包起来，这样坐垫就变得更加有趣了。但需要注意的是，这款坐垫是不可拆洗的（除非你把坐垫上的扣子拆掉），因此当你在选抱枕芯的时候，请选择那种可以机洗的，这样一来，当它们需要清洗的时候，直接丢进洗衣机就可以了。

材料及工具
两种颜色可以搭配的布料（各75cm）
65cm见方的抱枕芯
两个直径为3cm的包扣
缝纫机
针
粗细合适的缝纫线
室内装饰品用的线以及与其相配套的针

注意：除特别说明外，本作品均需留出1.5cm的缝份。

1. 从两块布料各裁一块 68cm 见方的正方形。把两块布正面相对，放在工作台上，使所有的边对齐，用珠针固定并机缝，在其中一条边留 30cm 左右的返口。修剪多余的边角。

2. 把坐垫的正面翻出来并熨平，把枕芯塞进去，然后用细密的针脚将返口缝合。找出坐垫两面的中心，并用珠针做标记。

3. 根据说明，制作包扣。把室内装饰品用的线穿进和它相配套的针眼里，在线的末端打一个结。把针扎进抱枕正中心用珠针做标记的地方，并穿透整个抱枕，然后把线穿过其中一颗包扣的扣眼（注意，包扣的颜色要和抱枕那一面的颜色相同）。接下来，再把针穿透整个抱枕，使其穿到抱枕的另一面，然后，把线穿过另一颗包扣。把线拉紧，使包扣深深陷进抱枕中。重复上述步骤若干次，最后缝几针加固。

材料及工具
印花布
格子布
缝纫机以及粗细合适的缝纫线
直径为15mm的木杆
两个直径为4cm的金属环
横截面为5cm×2.5cm的木棒
魔术贴
快干手工胶
宽12mm的丝带

注意：除特别说明外，本作品均需留出1.5cm的缝份。

布艺卷帘

制作时间：2 小时

这款简约的窗帘由色彩夺目的花卉图案布料和格子布制成，制作方法非常简单，并且耗时很少。因为这款窗帘需要手动卷上去，所以，最好把它用在不需要经常放下窗帘的窗户上。漂亮的丝带系成了蝴蝶结，可以将卷起来的窗帘固定。窗帘底部的木杆使窗帘卷起来的时候更加整洁，并且不会轻易被风吹起来。

1. 裁一块印花布和一块格子布，布的长要比窗帘成品长 7cm，宽要比窗帘实际的宽度长 3cm。使两块布正面相对，先用珠针将两条侧边和底边固定，再用缝纫机缝好。最后，修剪多余的边角。

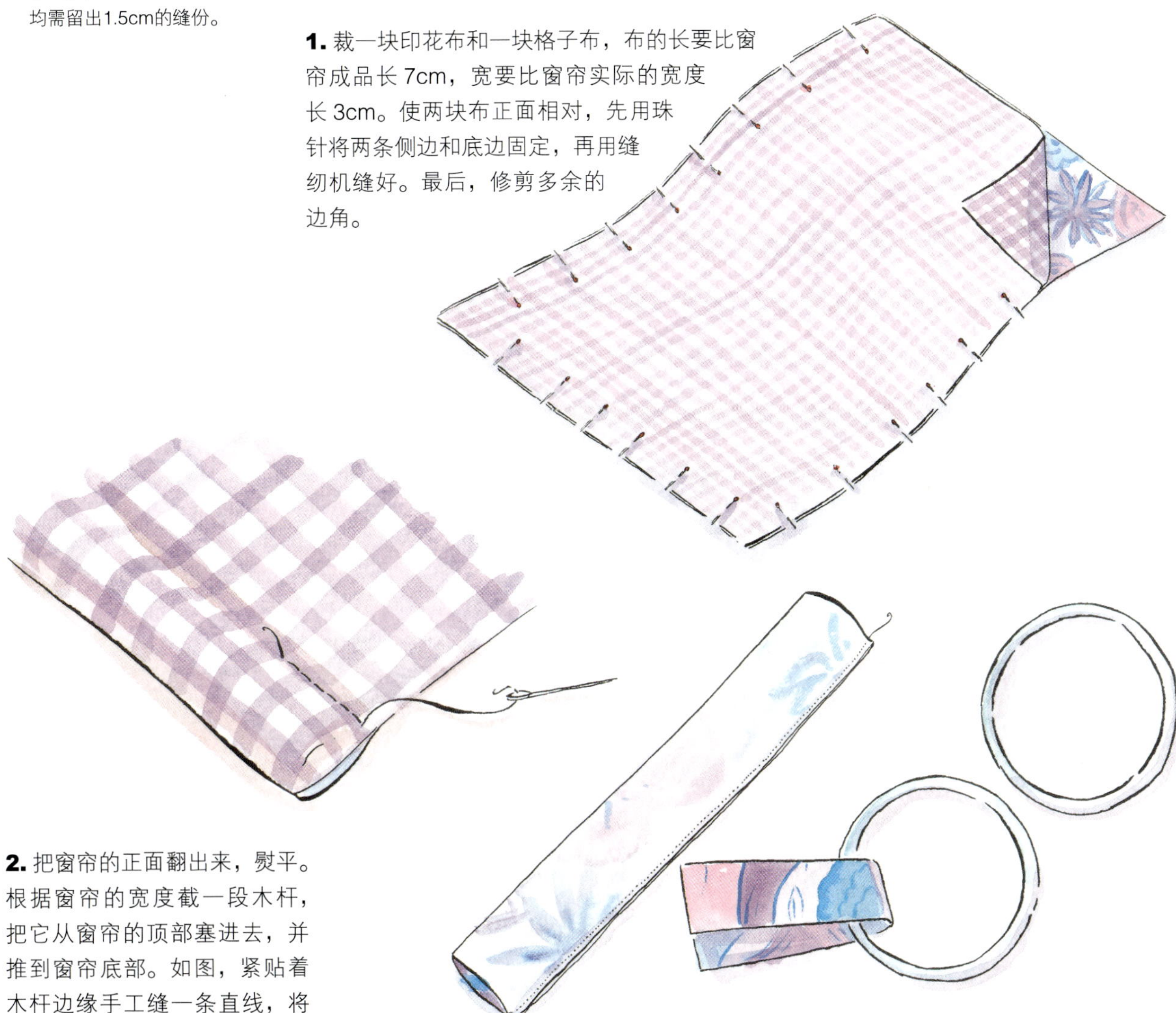

2. 把窗帘的正面翻出来，熨平。根据窗帘的宽度截一段木杆，把它从窗帘的顶部塞进去，并推到窗帘底部。如图，紧贴着木杆边缘手工缝一条直线，将木杆牢牢固定在窗帘底部。

3. 制作两条绑带，用来固定金属环。裁两块 9cm×23cm 的印花布，分别纵向对折，使其正面相对，在离边缘 1.5cm 的地方将长边机缝。把布条的正面翻出来并压平，使缝线处于平面的中心。如图，将布条横向对折，并穿过金属环。

4. 把窗帘没有缝合的一边先往背面翻折 1.5cm，然后再翻折 4cm。如图，把用来固定金属环的布条塞到折边下方，两块布条分别距离窗帘两端 17cm，然后沿着刚才折痕的边缘机缝。

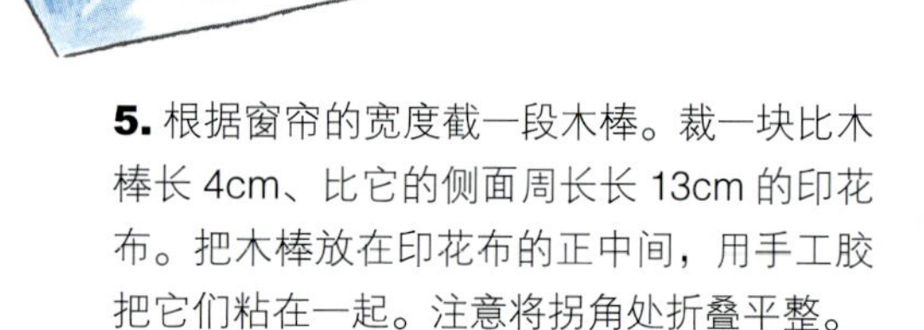

5. 根据窗帘的宽度截一段木棒。裁一块比木棒长 4cm、比它的侧面周长长 13cm 的印花布。把木棒放在印花布的正中间，用手工胶把它们粘在一起。注意将拐角处折叠平整。

6. 裁一块和木棒等长的魔术贴，把魔术贴的一面粘在木棒上。粘好后，把木棒镶在窗框里。

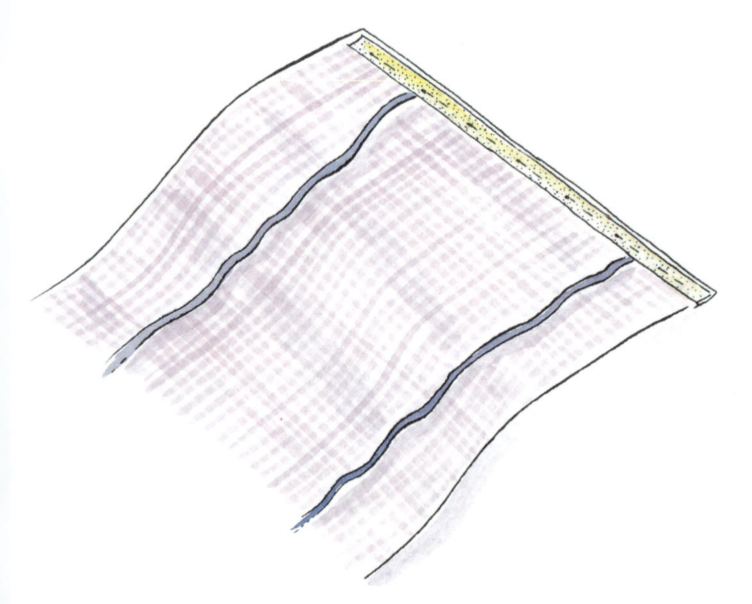

7. 裁两条和窗帘等长的丝带，把它们分别在距离窗帘两条侧边 17cm 的地方放好，将魔术贴的另一面置于窗帘顶端，压在丝带上方，先用珠针将它们固定然后机缝。

8. 把窗帘上的魔术贴和窗帘杆上的魔术贴粘在一起，并把窗帘从底部开始往上卷。裁两条长 25cm、宽 12mm 的丝带，分别手工缝到两个金属环上。把长丝带从窗帘的背面拉到前面，并与金属环上的短丝带系在一起，将窗帘固定在一定的高度。

第五章

洗涤及浴室用品

烫衣板布套

哪怕是简单如烫衣板套的物品也不一定非得是单调乏味的。只需要选取自己喜欢的布料，把它做成有衬里的套子，并用抽绳固定，那么你的烫衣板就焕然一新了。而且，还可以随时拆洗，非常方便。厚棉布是制作烫衣板布套的最佳选择，同时，用棉花填充物可以起到保温效果。

制作时间：1.5 小时

材料及工具
长75cm的白色棉布
铅笔或画粉
长75cm的印花布
长75cm的棉花填充衬
缝纫机以及粗细合适的缝纫线
长2m左右的白色丝带

注意：除特别说明外，本作品均需留出1.5cm的缝份。

1. 把烫衣板放在白色棉布上，描出它的形状，留 10cm 的缝份，描好后裁下。利用裁好的白布再各裁一块同样大小的印花布和棉花填充衬。

2. 把印花布正面朝上放在工作台上，上面依次放置白色棉布和棉花填充衬。接下来，先用珠针将四周固定，再机缝，在直边上留 15cm 左右的返口。修剪多余的边角，并把其他地方的缝份修剪到只剩 5mm。

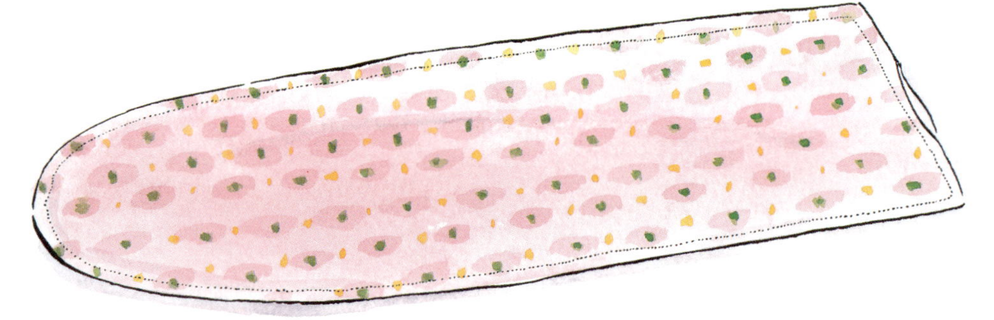

3. 把烫衣板套的正面翻出来，熨平。在距离烫衣板套边缘 5cm 的地方做标记，并用缝纫机沿标记车一条线。这样，在烫衣板的四周就形成了一个"管道"。

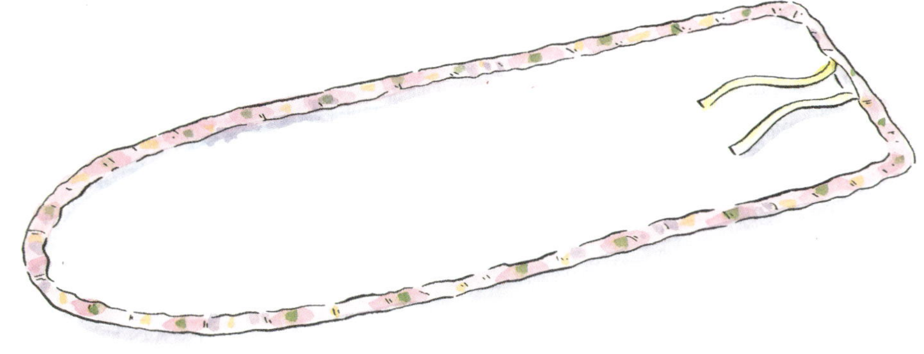

4. 把安全别针固定在丝带末端，将丝带穿过刚刚做好的“管道”，使丝带的两头都露出来。最后，把套子套到烫衣板上，拉紧丝带，并在末端打结。烫衣板就焕然一新了！

毛巾浴垫

制作时间：2 小时

材料及工具

- 长50cm的厚毛巾布
- 长1m的印花布
- 长25cm的镶边布料
- 长2m的波浪形编织带
- 缝纫机
- 粗细合适的缝纫线

注意：除特别说明外，本作品均需留出1.5cm的缝份。

这款斜角的毛巾浴垫看起来既精致又专业，你根本难以想象，它的做法竟是如此简单！在制作这款浴垫时，我选用了印有浴室用品图案的布料，这样看起来就非常搭调了。当然，你也可以选取其他图案的布料，只要喜欢就好，但是，我建议最好别选择条纹或格子图案，因为这种图案在拐角处很难对齐。另外，浴垫中间部分一定要选用厚实的、质量好的毛巾布，这样踩上去的时候才会舒服。

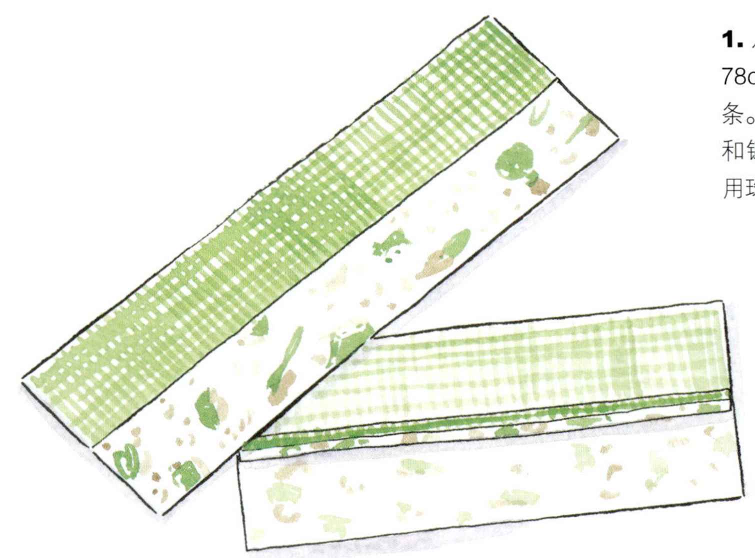

1. 从印花布和镶边布料上各裁两块78cm×14cm和两块67cm×14cm的布条。裁好后，分别将大小相同的印花布和镶边布料正面相对，沿其中一条长边用珠针固定并机缝，劈开缝份。

2. 沿镶边布料的长边，从顶点往里量15.5cm，并用铅笔做标记。如图，用直尺将刚才标记的点与相邻的印花布顶点连接起来，并沿这条线裁剪，其余三块布条也按同样的方式处理。

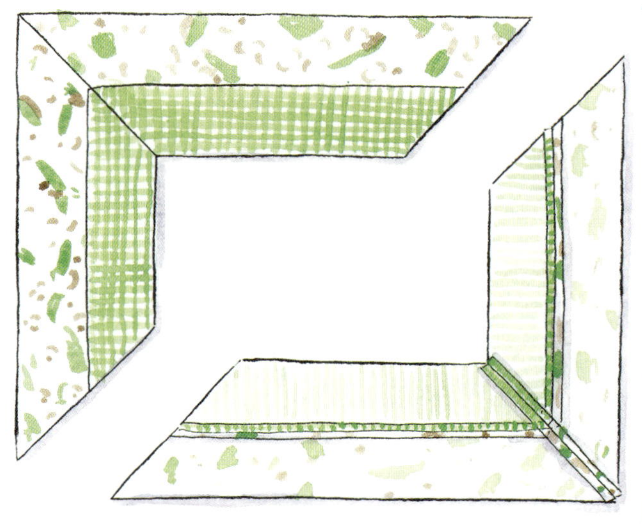

3. 取步骤2中的一块长布条和一块短布条，使它们正面相对，沿刚才裁好的斜边先用珠针固定，再机缝。另外两块布条也按同样的方式处理。然后，把它们拼接起来，形成一个“相框”，最后劈开缝份。

4. 裁一块 34cm×47.5cm 的毛巾布，把它镶嵌到步骤 3 做好的“相框”中，缝的时候两两正面相对，先用珠针固定再机缝。

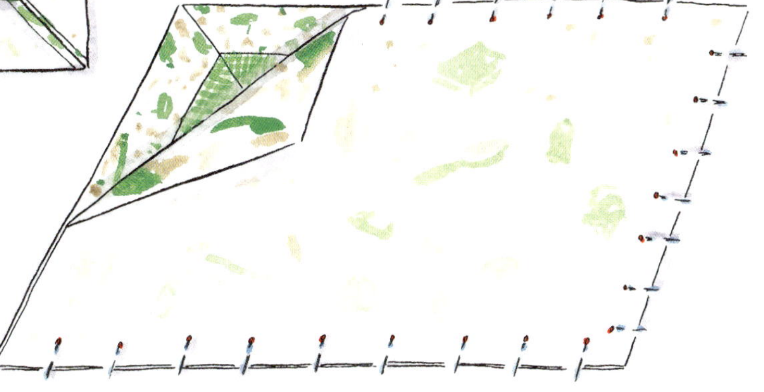

5. 裁一块 71cm×59cm 的印花布，用作浴垫的背面。把它和步骤 4 中的成品正面相对，先用珠针固定，再机缝，在其中一条边留 15cm 左右的返口。修剪多余的边角，把正面翻出来。

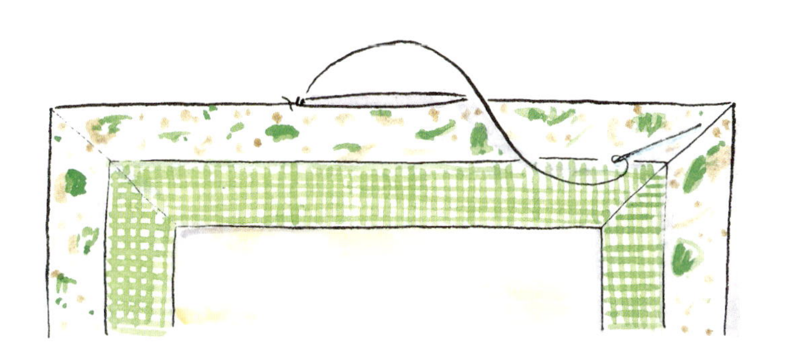

6. 手工将返口缝合。

7. 如图，把波浪形编织带用珠针固定在距离小边框 1.5cm 的地方，注意保持转角处的平整，然后机缝固定。

布边毛巾

制作时间：3 小时

用漂亮的花布包边，就可以使普通的白色毛巾瞬间变身。在制作完成时，你还可以给它加上一个吊环，这样不仅看起来很专业，而且使用和储存起来也很方便。你可以把它们挂在浴室的挂钩上，也可以挂在门后，让它为你的浴室增添一抹亮色吧！你还可以制作一套大小各异的浴巾、毛巾、手巾作为送给朋友的礼物，这份特别的礼物一定会被铭记在心的。要注意的是，选取布料时必须和浴室的整体色调相搭配哦。

材料及工具

- 尺寸为68cm×125cm的白色浴巾
- 长50cm的印花布
- 长50cm的格子布
- 缝纫机
- 针以及粗细合适的缝纫线

注意：除特别说明外，本作品均需留出1.5cm的缝份。

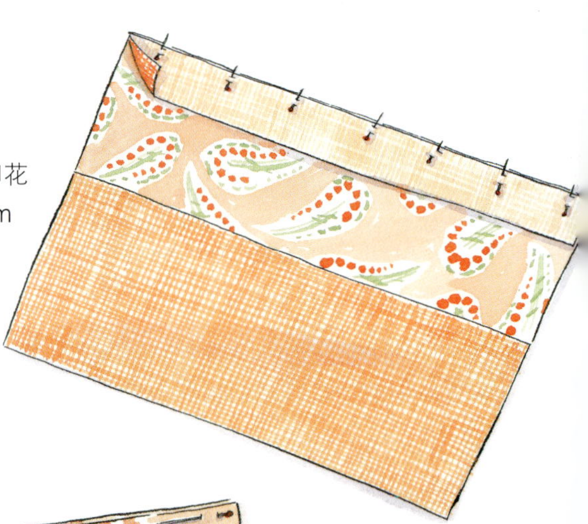

1. 裁一块 71cm×24cm 的印花布，以及一块 71cm×27cm 和一块 71cm×6cm 的格子布。如图，两块格子布分别与印花布正面相对，沿两条长边放置，用珠针固定并机缝，劈开缝份。

2. 制作吊环。裁一块 19cm×5cm 的印花布。使布的反面相对，纵向对折，压出折痕后打开。把两条长边分别折向中间的折痕，压平后再次对折。沿着布条边缘先用珠针固定，然后机缝，压平。

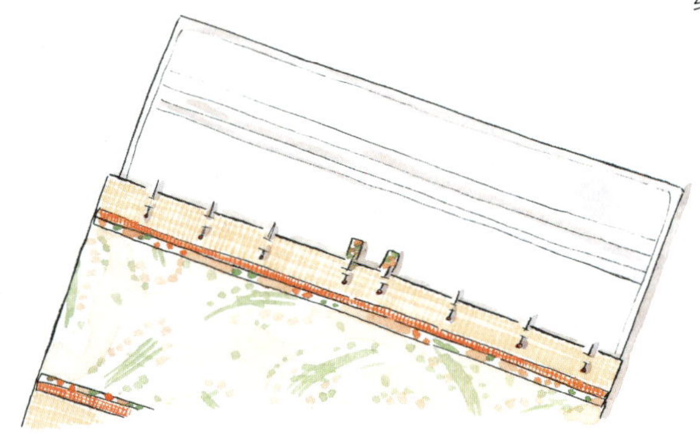

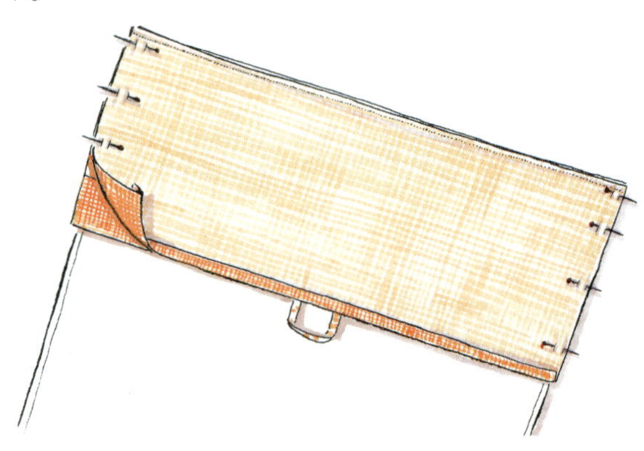

3. 把浴巾放在工作台上，把步骤 1 中的成品正面向下放在浴巾上，距离其中一条短边 22.5cm。如图，把步骤 2 中制作的吊环放到距离布边中点各 3cm 的地方，使两条毛边露在外面。用珠针固定，然后疏缝，最后机缝。

4. 将镶边布料先往上翻折盖住毛巾的上半部分，再折回来，使其正面相对，将靠近毛巾顶端的那条边在 1.5cm 处折一条线，这条线要与缝在毛巾上的那条边平行。沿着毛巾的两条长边机缝，修剪缝份。把正面翻出来，并将毛巾的一端塞进去。用暗针把剩下的边缝好。

抽绳洗衣袋

这款既实用又时髦的洗衣袋，无论挂在浴室还是卧室都显得非常得体，你可以用它来存放那些等待清洗的脏衣服。洗衣袋上设计了一个小吊环，这样一来，你就能把洗衣袋挂在门后了。另外，抽绳的设计也使日常使用变得非常方便。

制作时间：3 小时

材料及工具
长50cm的印花布
长1m的圆点布
能与其他布料相搭配的内衬布料（长1m）
长1m的中等克重胶衬
缝纫机
粗细合适的缝纫线
图样纸

注意：除特别说明外，本作品均需留出1.5cm的缝份。

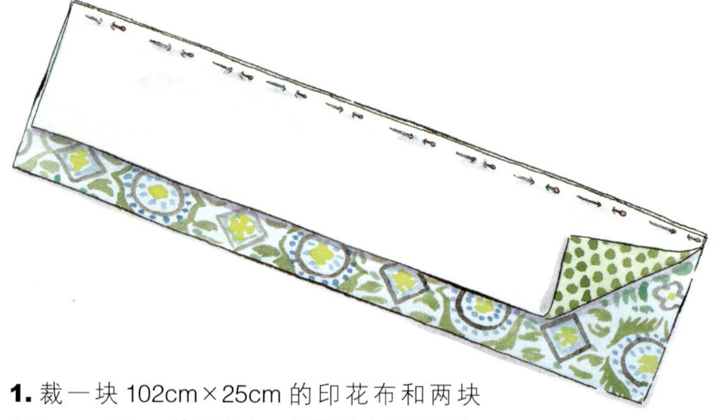

1. 裁一块 102cm×25cm 的印花布和两块 102cm×20cm 的圆点布。把印花布正面朝上放在工作台上，并将一块圆点布正面朝下放在它的上方，沿其中一条长的毛边对齐。先用珠针固定，然后疏缝，最后机缝。

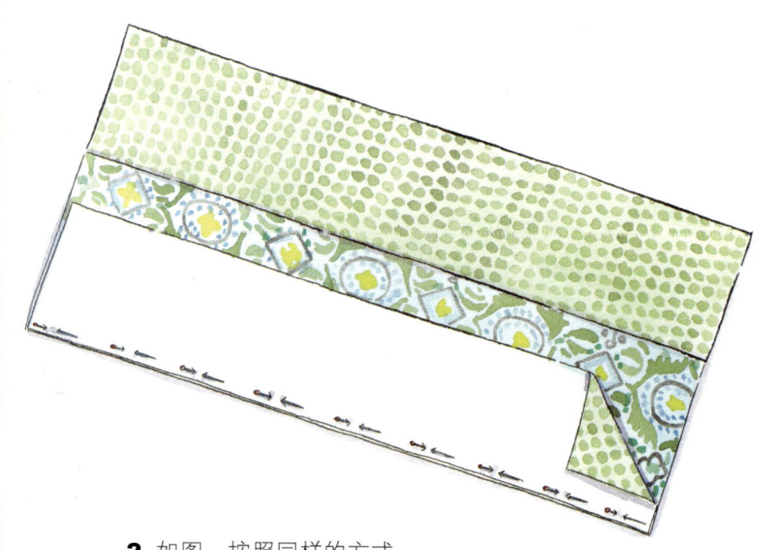

2. 如图，按照同样的方式将另一块圆点布沿印花布的另一条长边缝合，劈开缝份并熨平。

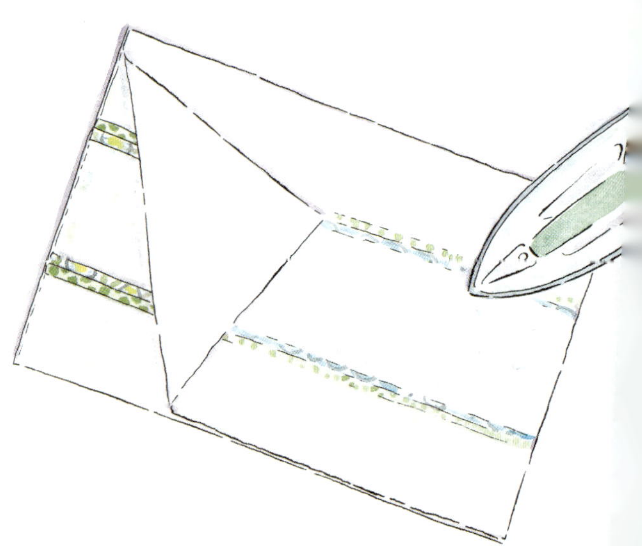

3. 裁一块 102cm×65cm 的胶衬。把胶衬的糙面朝下，放在步骤 2 中做好的布片背面，上面垫一块湿布，然后用中等温度的熨斗把胶衬熨到布片上。

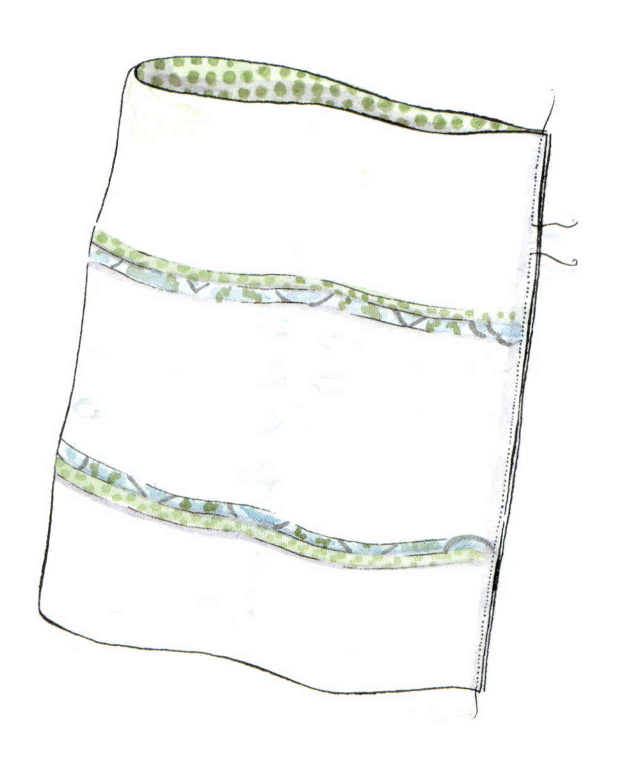

4. 使布片的正面相对，用珠针先将布片的两条侧边固定，然后疏缝，最后用缝纫机缝好。缝的时候要注意，在距离上方 9.5 cm 的地方留 2cm 左右的开口。

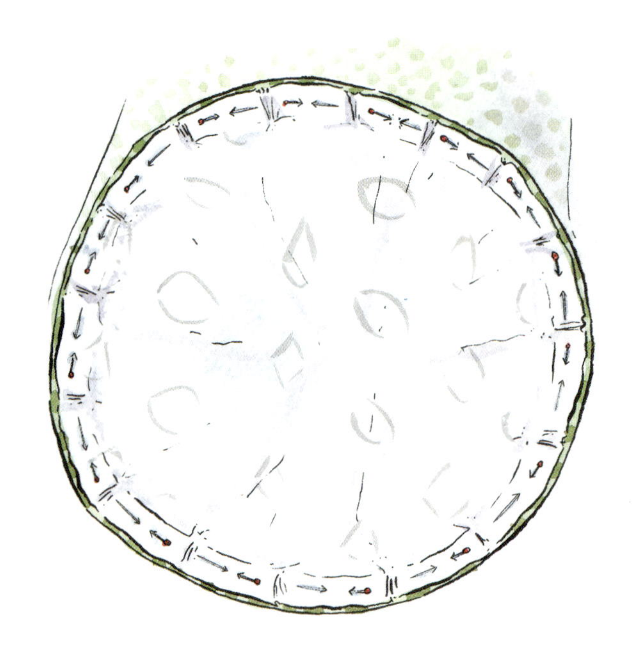

5. 在纸上画一个直径为 33.5cm 的圆，裁下来作为袋子底部的纸样。把纸样用珠针固定到圆点布料上，描出图形并裁下。用纸样再裁一块胶衬，用步骤 3 中的方法把它熨到圆点布料的背面。把底部与步骤 4 中的成品正面相对，先用珠针固定，然后疏缝，最后用缝纫机缝好。沿底部修剪多余的缝份。

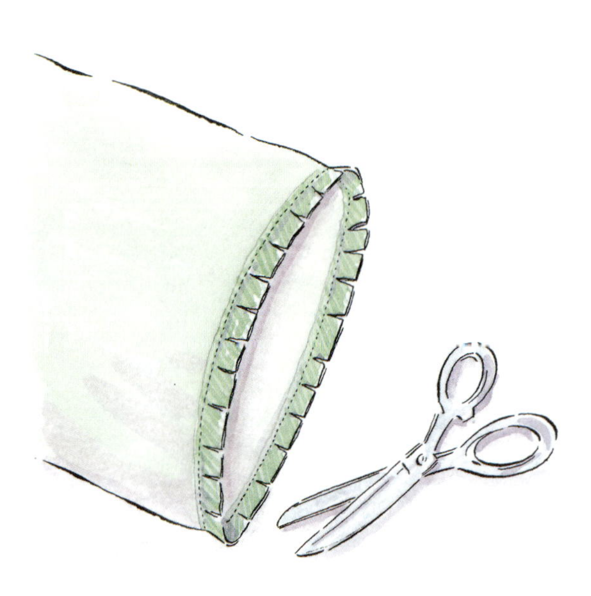

6. 裁一块 102cm×48.5cm 的衬里布料。使其正面相对，沿着它的两条短边先用珠针固定，再疏缝，最后用缝纫机缝好，做成管状，劈开缝份。跟步骤 5 一样，用袋子底部的图样分别裁一块衬里和一块胶衬，并将它们熨到一起。使底部和侧面正面相对，先用珠针固定，再疏缝，最后用缝纫机缝好。沿底部修剪多余的缝份。

7. 把做好的衬里塞进步骤 5 的成品中，使两者反面相对。沿袋子的顶端，先往里翻折 1.5cm，再往里翻折 5cm。用缝纫机尽量沿边缘缝合，然后，在这条缝线下方 2cm 的地方再平行缝一条线，这样就形成了一个“管道”。

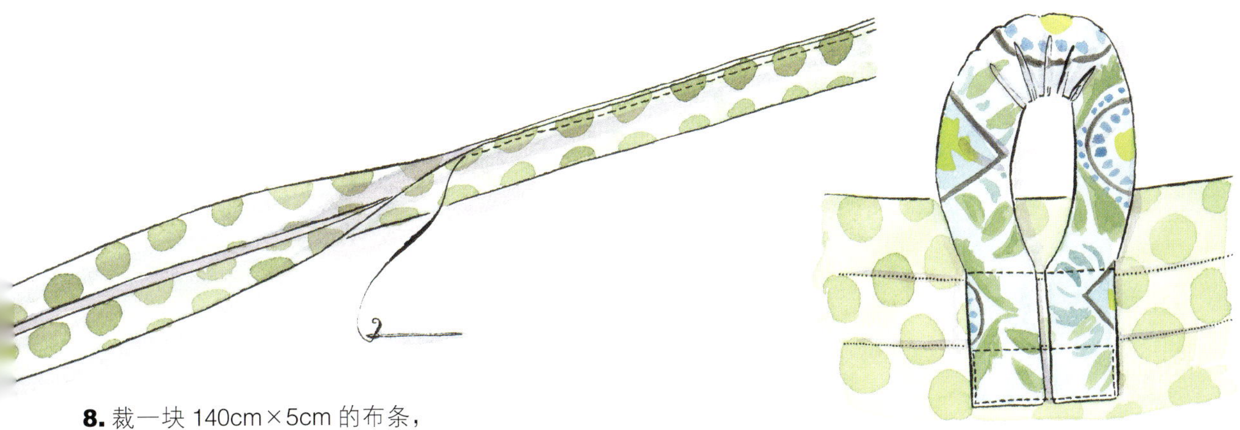

8. 裁一块 140cm×5cm 的布条，将它纵向对折，压出折痕后打开。沿两条长边，分别往里翻折 1cm，然后熨平。再次对折，沿边缘机缝，一条抽绳就做好了！

9. 把刚刚做好的抽绳穿过步骤 7 中做好的管道，并在末端打一个结。接下来，还要做一个挂环：裁一块 23cm×5cm 的布条，正面相对，纵向对折，沿两条长边机缝。把正面翻出来，将未缝合的两端分别向同一侧翻折 1.5cm，如图，把它缝在袋子上，分别在“管道”上方和下方车线，做成环状。

衣夹收纳袋

制作时间：2小时

用这款漂亮的收纳袋来收纳衣夹是再好不过的了，它明亮的色彩能使洗衣服变得有趣起来。我选取了复古风格的大花图案布料搭配颜色相衬的罗缎和波浪形编织带，再配上明亮的格子布料做内衬，使得内衬只在开口处露出一点点，这就显得更俏皮可爱了。儿童木质衣架正好可以塞进收纳袋里，可以用来做挂钩，这样，当你用不着它的时候，可以把它挂在厨房或储物间里，当你准备晾晒时，可以把它挂在洗衣绳上，多么方便啊！

材料及工具

- 本书第166页的图样
- 描图纸和铅笔
- 图样纸
- 长50cm的花卉图案布料
- 长50cm的格子布
- 长50cm、宽1cm的粉红色罗缎
- 长50cm的蓝色波浪形编织带
- 缝纫机以及粗细合适的缝纫线

注意：除特别说明外，本作品均需留出1.5cm的缝份。

1. 把本书第166页的图样放大到195%，然后做成纸样（制作方法见本书第162页）。裁三块花卉图案布料，分别用作收纳袋的背面、正面的上半部分和正面的下半部分。在格子布上也如法炮制。如图，把用于制作正面上半部分的印花布和格子布正面相对，沿着弧线先用珠针固定，再机缝。修剪缝份，把正面翻出来，熨平。

2. 如图，把正面下半部分的格子布正面朝上放在工作台上，然后把正面上半部分的花卉图案布料正面朝上放在它的上方，最后再把正面下半部分的花卉图案布料反面朝上放在它上面。沿顶部边缘用缝纫机缝好，缝的时候要注意，把各层都缝在一起。

3. 把正面翻出来，熨平。如图，把蓝色的波浪形编织带用珠针固定在缝线下方1.5cm的地方，然后再在它下方1cm处固定一条粉红色罗缎，最后机缝固定。

4. 把步骤 3 中的成品正面朝上放在工作台上，并在它的上方依次放置花卉图案底布（正面朝下）和格子底布（正面朝上）。沿四周机缝，在顶部中心留 2cm 左右的返口。把收纳袋的正面翻出来，把衣架塞进去，让钩子从开口处伸出来。最后再用罗缎系一个小蝴蝶结，缝在挂钩下方。

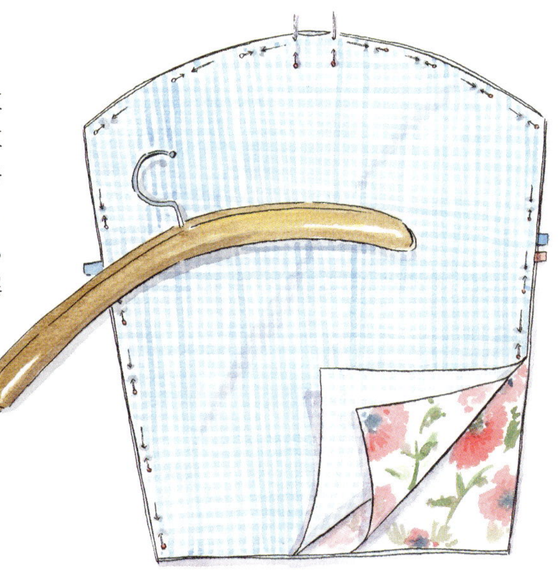

丝带纽扣点缀的熏衣草香包

好几个世纪以来，人们都使用熏衣草制作香包。熏衣草不仅芬芳迷人，还能很好地舒缓人的情绪。把熏衣草香包放到抽屉或壁橱里，衣物也会散发出淡淡的香气。另外，制作熏衣草香包不仅能帮你很好地利用平时缝纫所剩下的布头，而且，你还可以给这些小香包加上一些丝带、编织带或者复古风格的小纽扣，使它们更加活泼可爱。

制作时间：1.5 小时

材料及工具
两种能协调搭配的布料（各25cm）
两种能协调搭配的丝带（各25cm）
长25cm的波浪形编织带
缝纫机
针以及粗细合适的缝纫线
熏衣草干花
小号漏斗
小号纽扣

注意：除特别说明外，本作品均需留出1.5cm的缝份。

1. 从主布料上裁两块 18cm×15cm 的长方形，然后再从与之相搭配的布料上裁两块 18cm×11cm 的长方形。如图，每种尺寸的布料分别取出一块，使它们正面相对，长边对齐，先用珠针固定，再机缝，劈开缝份。

2. 两种丝带各裁 19cm。用珠针把其中一条丝带固定在任意一块拼布的缝合处，然后机缝，另一条丝带则缝在离第一条丝带 5mm 的地方（较小的那块布料上），然后熨平。

3. 裁一段 69cm 的波浪形编织带。把步骤 2 中的成品正面朝上放在工作台上。如图，沿布料的边缘，把波浪形编织带用珠针固定，然后疏缝。注意在转角处要把编织带折好，并且要确保编织带恰好能与缝份平行。

4. 把步骤 1 中拼接好的另一块布与步骤 3 中的成品正面相对，放在工作台上。先用珠针固定，然后疏缝，最后用缝纫机缝好，在其中的一条边留 5cm 左右的返口。修剪多余的边角，并把缝份修剪到 1cm。

5. 翻出正面，小心翼翼地把四个角拉出来，熨平。用小漏斗把熏衣草干花放进做好的袋子中，或者，先用棉花填充一部分，再用熏衣草干花填满。手工将返口缝合，把缝份留在里面。最后，把纽扣缝到丝带上作为点缀。

包布衣架

包布衣架不仅看起来要比普通的木制衣架漂亮许多，而且，也更有利于保护娇贵的衣服。此款衣架由碎布制作而成，并且不用耗费多少工夫。手工缝制的花朵能给衣架增添几分亮丽的色彩，你只需要用几片花朵形的布料就能轻松完成。如果想把这款衣架作为礼物送给朋友的话，我建议在缝合前塞一些熏衣草干花，这样，就制成了一个漂亮的香薰衣架了。

制作时间：1 小时

材料及工具
木质衣架
长25cm的填充棉
长25cm的主布料
三种能协调搭配的布料（各25cm，用以制作装饰用的花朵）
长25cm的丝带
针以及粗细合适的缝纫线
纽扣
本书第168页的图样
描图纸、铅笔以及画粉

1. 用填充棉把衣架包裹起来，并将其牢牢缝好，修剪多余的部分。把本书第168页的图样放大到236%（方法见第162页），描到主布料上并裁下。如图，布的反面朝上，沿着周边往里翻折1cm。把包好的衣架放在布料的上半部分，并把布料下半部分翻折上去，将整个衣架包住。

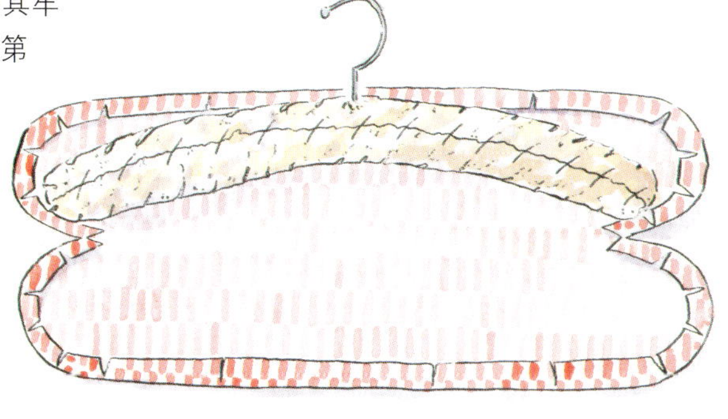

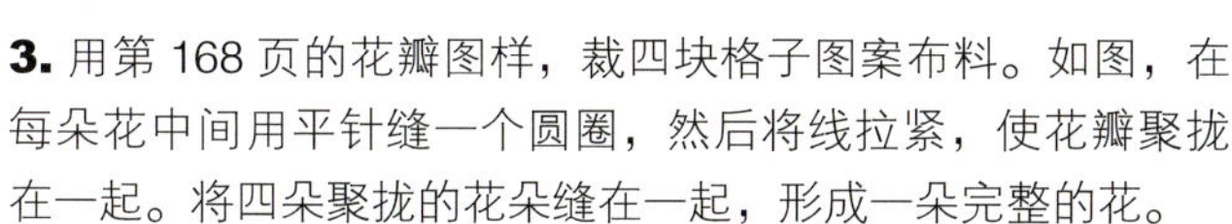

2. 从衣架的中间开始，用2股线从里向外缝一条平针针迹（方法见第163页），边缝边将线拉紧，使布聚拢到一起，在两端打结固定。

3. 用第168页的花瓣图样，裁四块格子图案布料。如图，在每朵花中间用平针缝一个圆圈，然后将线拉紧，使花瓣聚拢在一起。将四朵聚拢的花朵缝在一起，形成一朵完整的花。

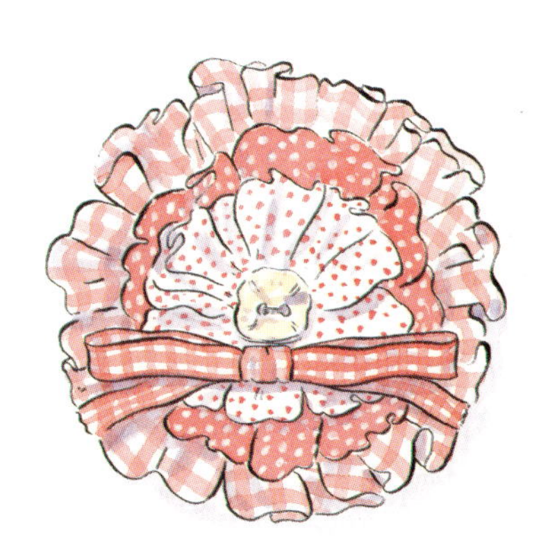

4. 按照步骤3中同样的方式，在两块圆点布上各裁四块花瓣形状并制成花朵。把三层花叠缝在一起，在中心缝一颗纽扣和红白格子丝带系成的蝴蝶结做装饰。最后，把花朵缝到衣架上。

半截帘

制作时间：2.5 小时

只遮挡一半窗户的窗帘使用起来非常方便，既能遮挡外界的视线，保护自己的私密空间，又可以让阳光照射进来。这款窗帘是由不同种类的布条拼缝而成的。窗帘顶端的两个角缝了绑带，这样，就可以轻松地把窗帘挂上去或取下来了。

材料及工具
三种颜色能互相搭配的印花布
衬里布料
两种能协调搭配的丝带（宽10mm，长度为“窗帘长度的两倍+10cm”）
长2m、宽15mm的丝带（用以制作绑带）
缝纫机
针以及粗细合适的缝纫线
两个挂钩

注意：除特别说明外，本作品均需留出1.5cm的缝份。

1. 按照计算好的尺寸，从其中两种印花布上各裁两块布条，从第三种印花布上裁一块布条。如图，把成单的布条放在最中间，把其他的布条分别放在它的两边，既不对称放置也不要使同样的布条位于同一侧，使它们两两正面相对，用珠针固定并机缝。

计算出所需材料的尺寸：

计算每块布条的宽度：先量出窗户的总宽度，然后除以5，再加上3cm，所得出来的就是每块布条的宽度。

计算每块布条的长度：先量出窗户的总长度，然后除以2，再加上8cm，所得出来的就是每块布条的长度。

2. 劈开缝份。把步骤 1 中的成品正面朝上，将丝带放在接缝处，相同颜色的丝带间隔放置。先用珠针固定，然后疏缝并机缝。把丝带修剪得与布边齐平，然后熨平。

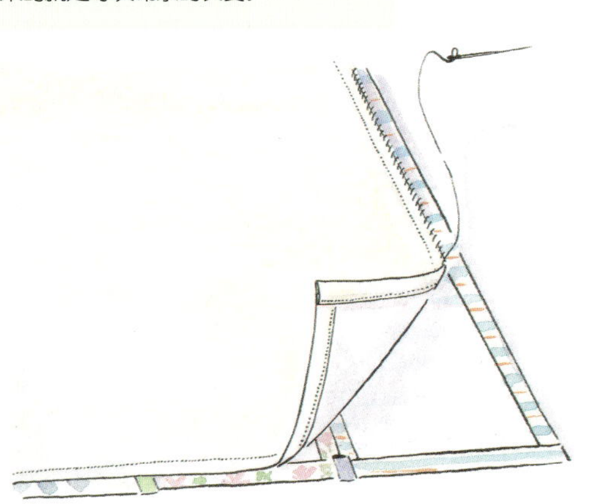

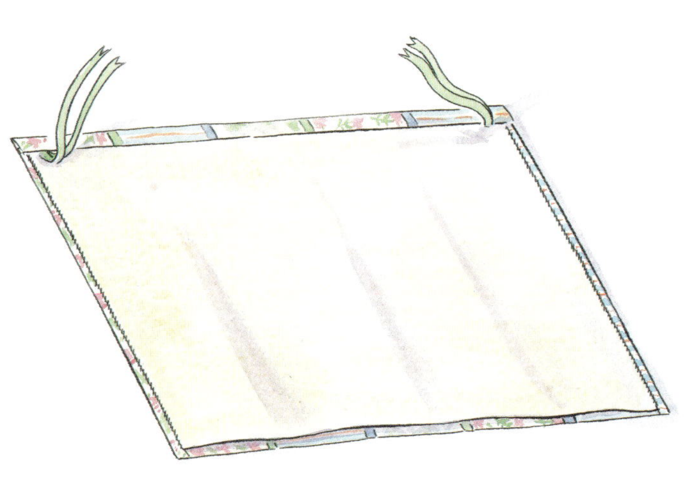

3. 裁一块和步骤 1 中的成品尺寸相同的衬里布料。如图，沿着衬里的四周，各往反面翻折 2cm，然后压平，用作正面的印花拼布也如法炮制。接下来，沿着衬里的底边，先往反面翻折 1cm，再翻折 4cm，印花拼布也如法炮制。然后，用缝纫机把两块布分别沿着刚才的折痕缝好。使两片布反面相对，顶部的毛边对齐，把衬里布放在印花布的上方。如图，手工把布的左右两边缝起来。

4. 把窗帘顶边先往背面翻折 1cm，再翻折 2cm，用珠针固定。裁两条长 50cm、宽 15mm 的丝带，并把它们分别横向对折。然后，把丝带对折的一端塞到刚才已经折好的窗帘顶端的褶边里。沿折痕用缝纫机缝好，然后把丝带往上翻折，并手工缝几针加固，这样，丝带就牢牢地缝在窗帘的顶端了。

第六章

户外用品

花园长椅坐垫

制作时间：3 小时

这款坐垫能够使硬邦邦、冷冰冰的花园长椅变成让你尽情放松休憩的温馨角落。毛毡做成的小花簇不仅使坐垫变得更美观，也使所有夹层都紧密地连接在一起。

材料及工具
长1m的条纹布
长125cm的厚棉衬
缝纫机以及粗细合适的缝纫线
两种颜色不同的毛毡（各25cm）
绣线
长针

注意：除特别说明外，本作品均需留出1.5cm的缝份。

根据长椅大小调整所需材料的尺寸

这里给出的说明是针对边长为 50cm 的抱枕而言的。如果你想要根据实际尺寸来对它进行修改的话，在步骤 1 当中，你必须在所量得尺寸的基础上增加 3cm，因为你还要留出缝份。另外，用作侧面布条的长度也必须比你所量得的四条边之和多 3cm。但是布条的宽保持不变。

1. 裁两块 53cm 见方的条纹布料。

2. 裁两条长 14cm、和原布同宽的条纹布料，把布边剪掉。使这两块布条正面相对，沿其中一条短边机缝。劈开缝份后，把布料裁至长 203cm。

3. 制作把手。裁一块 24cm×9cm 的布条，使其正面相对，纵向对折，沿长的毛边机缝。把正面翻出来并熨平，使缝线位于中央。将把手的两端各往反面翻折 1.5cm，然后熨平。

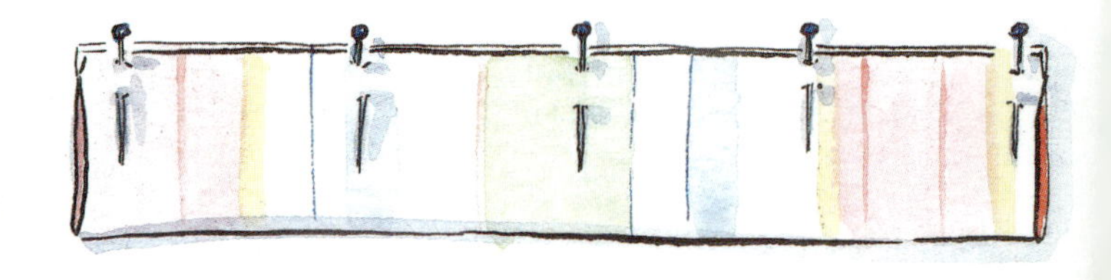

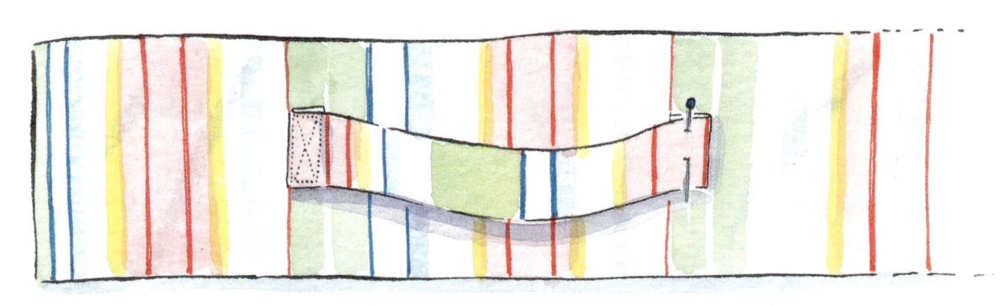

4. 将把手用珠针固定在长布条上。把手的其中一端距布条一端的长度为 15.5cm，把手的另一端距它的长度为 19cm。如图，在把手的两端各缝一个长方形针迹，并在方框内缝一个“×”。

5. 使长布条正面相对，两条短边对齐，用珠针固定并机缝，劈开缝份。把接好的环形与其中一块正方形布料正面相对，将环形布条的缝线置于其中一个角，用珠针沿四周固定并机缝。缝好以后，修剪多余的边角，然后熨平。

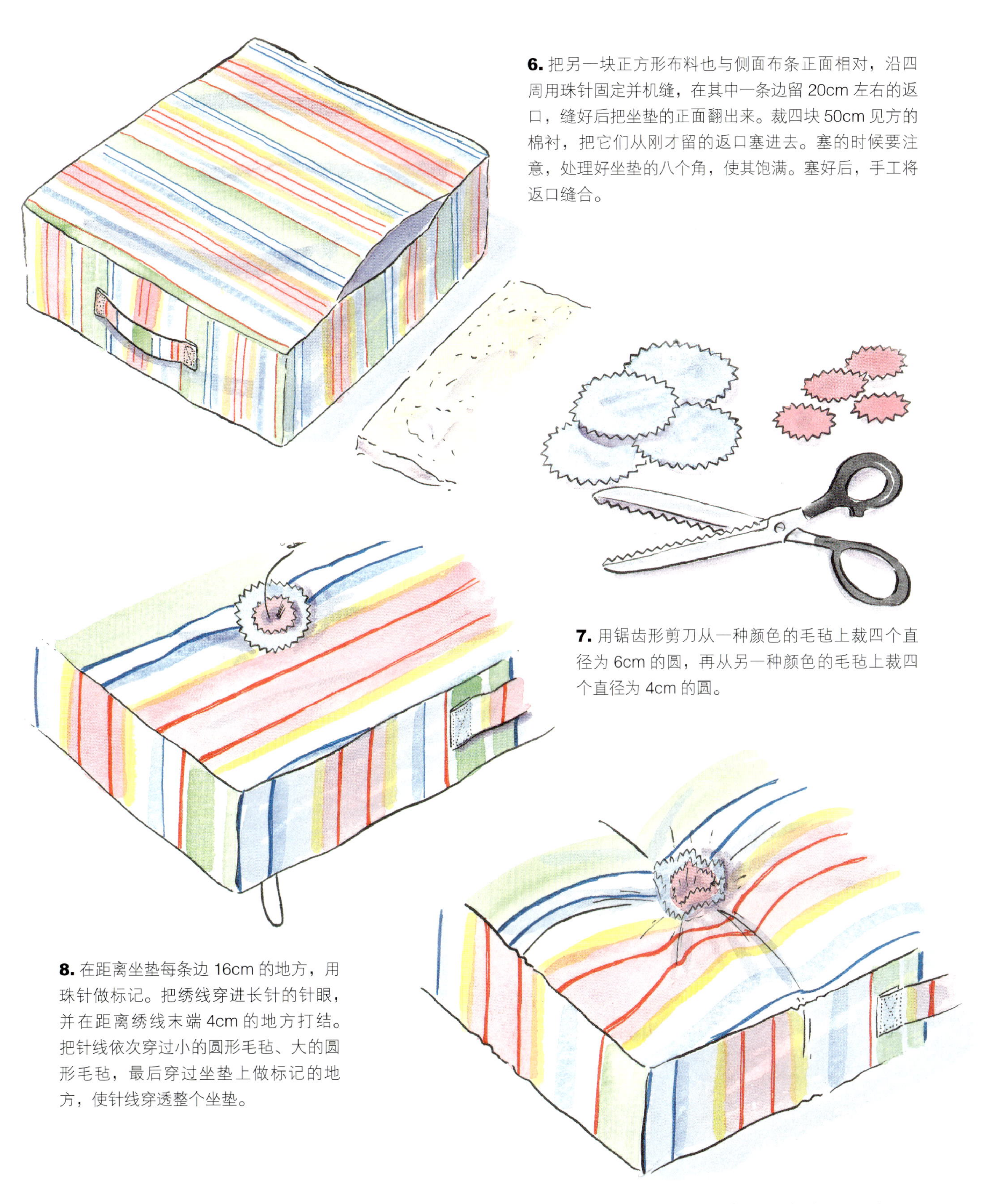

6. 把另一块正方形布料也与侧面布条正面相对，沿四周用珠针固定并机缝，在其中一条边留 20cm 左右的返口，缝好后把坐垫的正面翻出来。裁四块 50cm 见方的棉衬，把它们从刚才留的返口塞进去。塞的时候要注意，处理好坐垫的八个角，使其饱满。塞好后，手工将返口缝合。

7. 用锯齿形剪刀从一种颜色的毛毡上裁四个直径为 6cm 的圆，再从另一种颜色的毛毡上裁四个直径为 4cm 的圆。

8. 在距离坐垫每条边 16cm 的地方，用珠针做标记。把绣线穿进长针的针眼，并在距离绣线末端 4cm 的地方打结。把针线依次穿过小的圆形毛毡、大的圆形毛毡，最后穿过坐垫上做标记的地方，使针线穿透整个坐垫。

9. 把针线从坐垫下方穿上来，再次穿过两片毛毡的中心，如此反复几次，最后把线抽紧，使坐垫的夹层紧紧地连在一起，然后打结固定，把线头修剪到大约 3cm 长。按照同样的方式在其他三个角落也缝上圆形毛毡。

1. 首先，为椅子做一个纸样，周边留 1.5cm 的缝份。将花卉图案布料对折，使其变成双层，把纸样放在印花布上，用珠针固定，沿纸边裁下布料，取下珠针，将纸样拿开。

有褶边的田园风格椅垫

这款田园风格的椅垫能使园椅瞬间焕发出明媚的夏日风情，为你的露台或花园增添一抹亮色。坐垫的主体采用了具有田园风情的印花布，并配上了绿色圆点布制成的精致花边，两者的颜色搭配非常和谐。另外，我们还用同样的布料制作了椅套，并给它加了垫子，这样就能舒舒服服地靠在椅子上休息了。

制作时间：4 小时

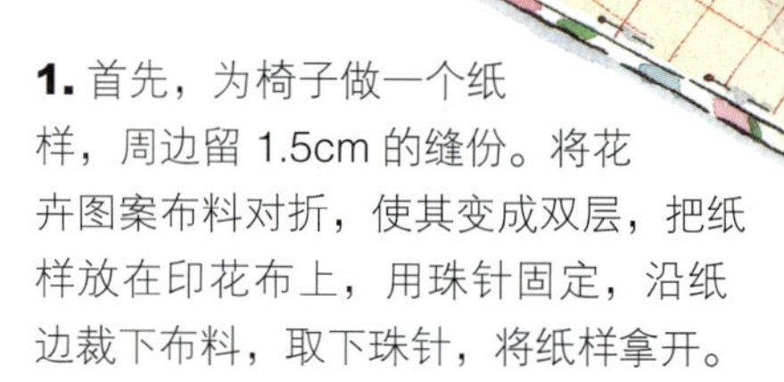

2. 制作褶边。裁一块 10.5cm×200cm 的圆点布（如果布料不够长，可以将几块布料拼接起来，并劈开缝份）。沿布条的一条长边先往里翻折 1cm，再往里翻折 1.5cm，用珠针固定并机缝，压平。同样，沿两条短边先往里翻折 1cm，再往里翻折 1.5cm，用珠针固定并机缝。

材料及工具
图样纸
长50cm的花卉图案布料
长50cm的圆点布
长25cm的拉链
缝纫机
针以及粗细合适的缝纫线
与椅子相匹配的泡沫垫

注意：除特别说明外，本作品均需留出1.5cm的缝份。

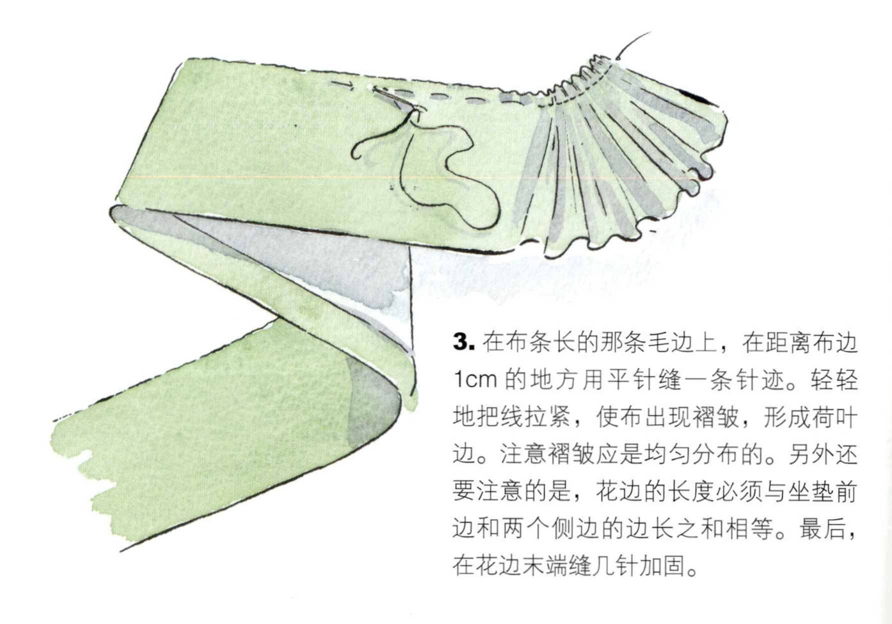

3. 在布条长的那条毛边上，在距离布边 1cm 的地方用平针缝一条针迹。轻轻地把线拉紧，使布出现褶皱，形成荷叶边。注意褶皱应是均匀分布的。另外还要注意的是，花边的长度必须与坐垫前边和两个侧边的边长之和相等。最后，在花边末端缝几针加固。

4. 把其中一块花卉图案布料正面朝上放在工作台上，使它与步骤3中做好的花边正面相对，毛边对齐。先用珠针固定，然后疏缝。

5. 制作绑带。裁四块6cm×45cm的花卉图案布料。把其中一块反面朝上放在工作台上，将其中一条短边和两条长边都往里翻折1.5cm，然后熨平。把布条纵向对折，各边对齐。用缝纫机沿已经折好的短边和长边缝好，缝的时候尽量靠近布的边缘。另外三条绑带也按相同的方式缝制。

6. 把步骤4中的成品正面朝上放在工作台上。如图，把刚才做好的四条绑带两两一组，毛边对齐，分别放在椅垫后面的那条边上，用珠针固定并疏缝，每组绑带距离侧边的距离为5cm。

7. 使椅垫的两块布正面相对，用珠针沿后面那条边固定，将花边夹在中间。在椅垫后侧那条边正中间用珠针做一条长25cm的标记。用缝纫机把坐垫后侧的那条边缝好，刚才标记的部分不缝。然后，把标记的地方疏缝，劈开缝份。把拉链用珠针固定在疏缝的位置，然后机缝，缝的时候要记得给缝纫机换上拉链压脚。拆掉疏缝线，拉开拉链。

8. 把椅垫的其他三条边用珠针固定并机缝，修剪多余的边角。把椅垫的正面翻出来，塞进坐垫芯，拉上拉链。

9. 制作椅背套。先量出椅背的尺寸，并在此基础上给每条边都加上 2.5cm，这样得出的尺寸就是应裁剪的布料尺寸。以计算好的尺寸裁两块花卉图案布料，使其正面相对，沿其中的两条短边和一条长边用珠针固定，然后机缝，修剪多余的边角。把正面翻出来，将剩下的毛边先往下翻折 1cm，再往下翻折 1cm，用珠针固定，然后机缝，最后熨平。

你还可以这样做：

直接用波浪形编织带代替褶皱花边。

材料及工具
长2m的条纹布
长150cm的棉织带
缝纫机以及粗细合适的缝纫线
本书第169页的图样
描图纸、铅笔以及图样纸
画粉
六颗大号纽扣
两个直径为15mm的金属圈
用以镶金属圈的锤子
两根直径为2cm的粗木棍
两个木质固定头
长约3m的绳子
锯齿形剪刀
锥子

注意：除特别说明外，本作品均需留出1.5cm的缝份。

遮阳篷

制作时间：3.5 小时

这款遮阳篷能为你的花园遮风挡雨，还能带来一丝阴凉，你可以选用厚棉布或帆布以及金属圈来制作这款作品。这款篷子不仅搭建方便，还很便于携带，是花园必备的好帮手。只要在周围有牢固支架的地方，你都能使用这个篷子，比如，在栅栏旁或者大树下，你甚至可以在屋外的墙上钉几个挂钩，这样就能在房子旁边搭建一片阴凉小天地了！

1. 把条纹布料反面朝上，沿各边先往里翻折 1cm，再往里翻折 1.5cm。裁两条长 75cm 的棉织带，将它们分别纵向对折，并机缝到条纹布同一条短边的两个角上。

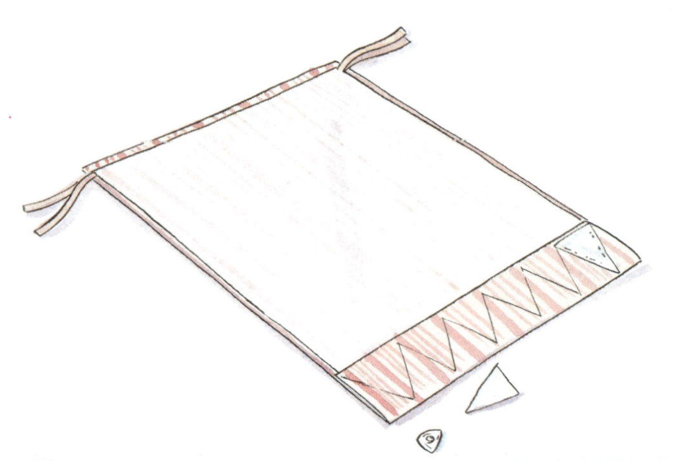

2. 在与棉织带相对的那一端，将布边往反面翻折 24cm。把本书第 169 页的图样放大到 115%，描到纸上并裁下，做成纸样。把纸样放在刚才折起来的部分，如图，用画粉把图样画在布上，并且每画完一个就平移一下，直至画出六个三角形，连成一片“彩旗”的形状。

3. 沿刚才画好的线用缝纫机车线，然后用锯齿形剪刀沿距离缝线 5mm 的地方裁剪布料。

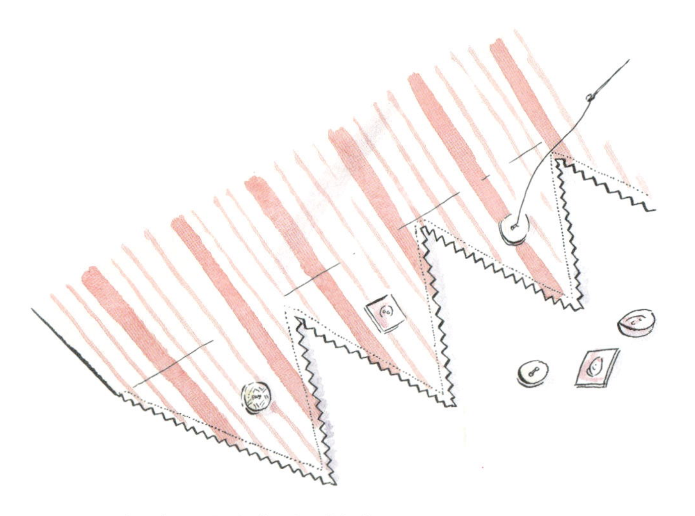

4. 手工把六颗纽扣分别缝在六个三角形的中心。

5. 参照安装说明书，如图，分别把两个金属圈镶在“彩旗”的两端。

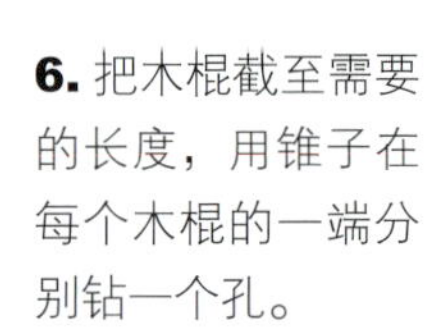

6. 把木棍截至需要的长度，用锥子在每个木棍的一端分别钻一个孔。

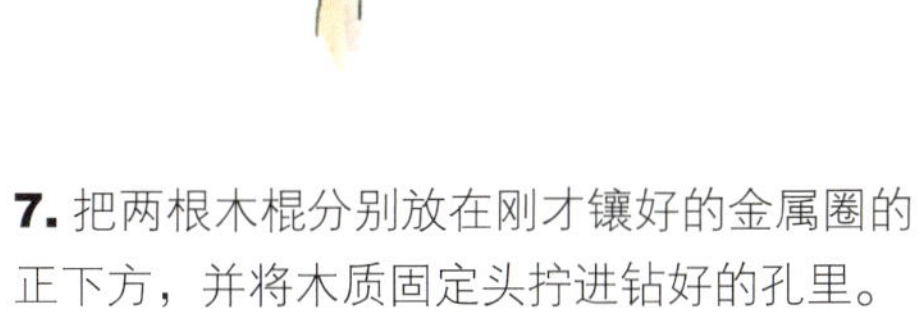

7. 把两根木棍分别放在刚才镶好的金属圈的正下方，并将木质固定头拧进钻好的孔里。

8. 把棉织带绑到墙壁的钩子上或树枝等任意可以固定的地方，把木棍牢牢地插在地里，插的时候注意把遮阳篷绷紧。另外，把绳子绑在固定头的底端，拉紧绳子，并将其绑到帐篷桩上，遮阳篷就撑好了。

儿童帐篷游戏屋

制作时间：6 小时

材料及工具

- 本书第170页的图样
- 描图纸、铅笔以及图样纸
- 长6m的印花布
- 长6m的衬里布料
- 长175cm、宽2cm的丝带
- 缝纫机以及粗细合适的缝纫线
- 针和线
- 四根长2m、直径为15mm的木棍

注意：除特别说明外，本作品均需留出1.5cm的缝份。

孩子们一定会爱死这顶帐篷的！但是这顶圆锥形帐篷制作起来稍微有点难度，因此它需要一定的缝纫技巧。和本书中的其他手工作品相比，它耗时更长，需要更多的耐心。但是，千万别半途而废哦。因为，完工之后，你就会发现，你的一切努力都是值得的。我保证，这个牢固的帐篷不仅能为在里面玩耍的孩子带来无尽的欢乐，而且，它还经久耐用，能使用好多年呢。

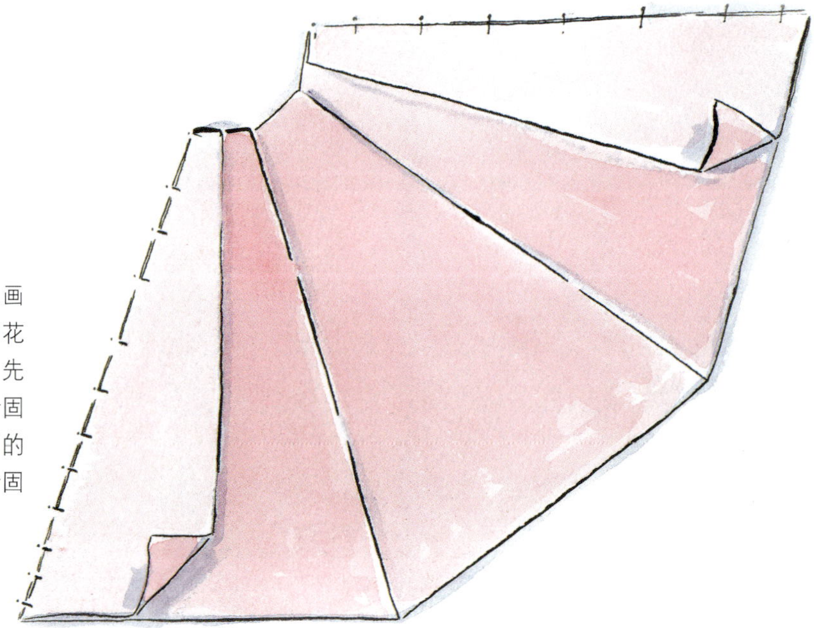

1. 根据本书第 170 页的图样在图样纸上画出并裁下。用珠针把纸样固定在选好的印花布上，裁三块侧面布料和两块正面布料。先把侧面的三块布料两两正面相对，用珠针固定并机缝，劈开缝份。根据图示，把正面的两块布和侧面的布料正面相对，先用珠针固定，再用缝纫机缝好，劈开缝份。

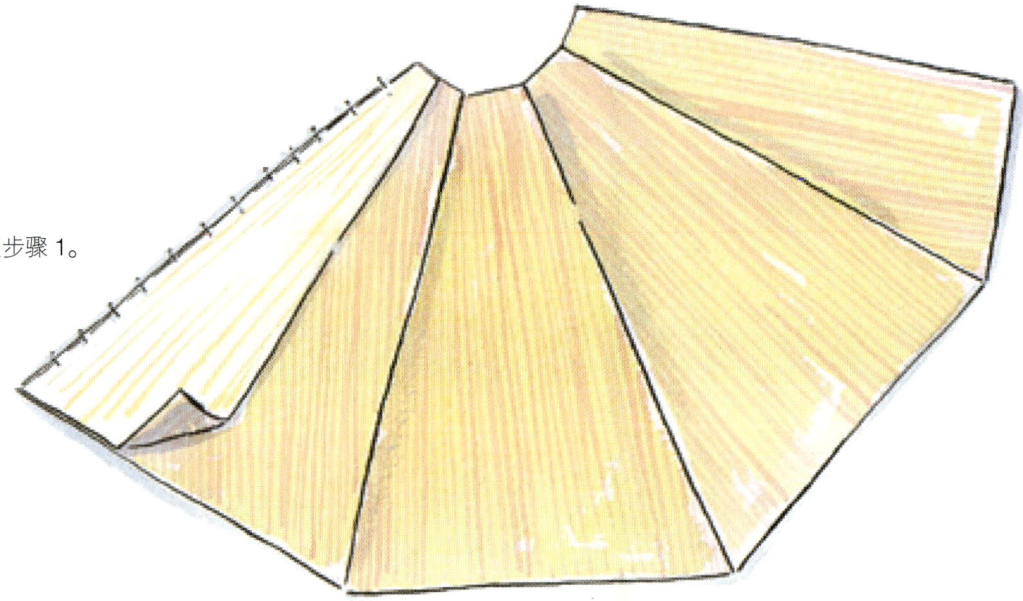

2. 用衬里的布料重复步骤 1。

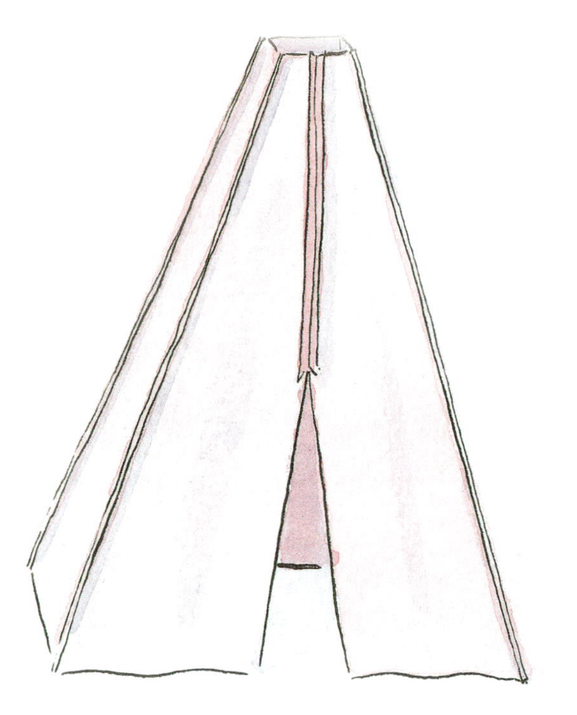

3. 如图，把帐篷正面的两块布料正面相对，毛边对齐，从上往下缝大约 90cm 长的针迹。衬里布料也按照同样的方式处理。

4. 如图，使印花布和衬里布正面相对，沿帐篷的底边机缝，缝的时候要把面布和里布的缝线对齐。缝底边时要注意，在距离每条“棱”2.5cm 的地方留一个开口。如图，帐篷正面没有缝合的部分也要缝起来。在帐篷开口的上面部分把多余的缝份修剪掉，然后把帐篷的正面翻出来。

5. 把帐篷的面布从顶端往下翻折 1.5cm，熨平后机缝。里布也按同样的方式处理。接下来，在距离四条棱 2.5cm 的地方先用珠针标记，然后疏缝，最后用缝纫机车一条线，缝好后，帐篷的四条棱就形成四条“通道”了。

6. 手工把帐篷上面的开口缝合（避开“通道”），这样，帐篷的面布和里布就缝在一起了。

7. 裁一段长 50cm 的丝带。如图，把丝带的中点标出来，并把它的中点缝在帐篷背面距离帐篷顶端 5cm 的地方。

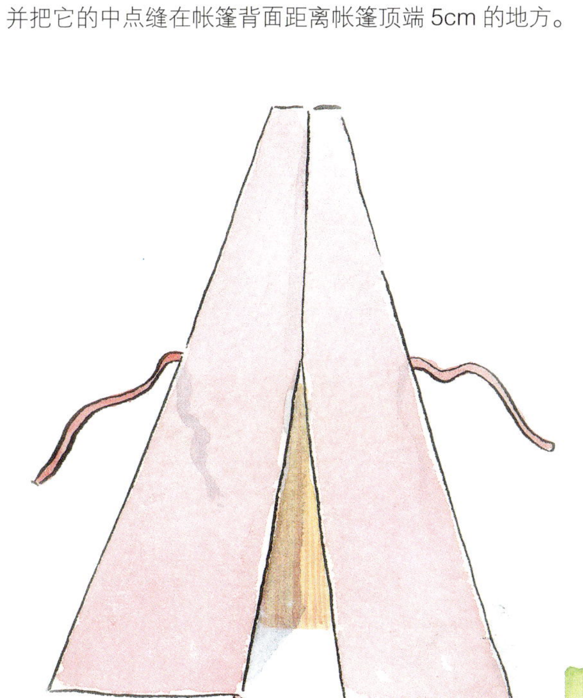

8. 裁四段长 30cm 的丝带。把其中的两条丝带分别折 1.5cm，并缝到帐篷的“门”的底端。把另外两条丝带分别缝在帐篷正面和侧面相接的缝线上，缝的位置距帐篷底部 55cm。缝的时候要注意，千万别把刚才做好的“通道”缝死了。

9. 把木棍分别插进四条“通道”，并且把它们轻轻地插进地面。这样，帐篷的侧面就被拉平了（也许你需要再找一个帮手，才能顺利完成这一步）。把木棍的顶端归拢到一起，并用丝带缠绕几圈，最后系个蝴蝶结加以固定。

野餐垫

制作时间：3 小时

这款由明亮的黄色系布料做成的野餐垫，充满了阳光的味道，夏天野餐时带上它再好不过了。在选取材料时，务必保证所有的布料都可以机洗，这样清洗起来就很方便了。另外，要选用厚重的棉布做野餐垫的衬里，这样野餐时就不会轻易被风吹跑啦。

材料及工具
长150cm的印花布
两种不同花色的圆点布（各50cm）
长2m的厚格子布料（用作餐垫的衬里）
长6.5m、宽22mm的罗缎
缝纫机以及粗细合适的缝纫线
针和线

注意：除特别说明外，本作品均需留出1.5cm的缝份。

1. 从两块圆点布上各裁 18 块 15cm 见方的正方形。为了加快进度，你可以先按照尺寸做一个纸样，再把布料对折若干次，然后用珠针将纸样固定在布料上方，这样一次就能裁出好几个正方形了。

2. 把刚刚裁好的正方形布块交替拼在一起，分别拼成两条由八个小方块组成的布条和两条由十个小方块组成的布条，先用珠针固定然后机缝。

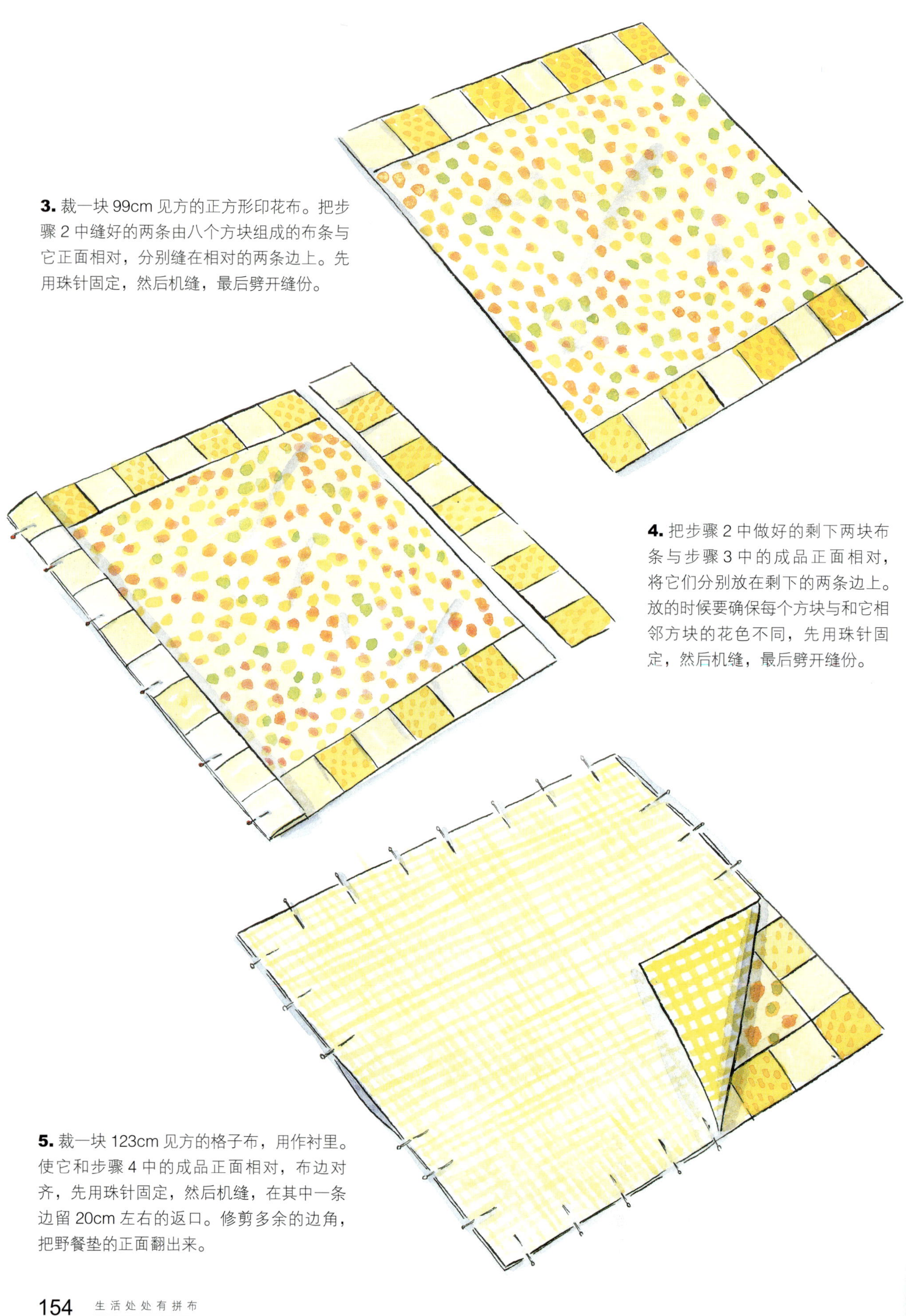

3. 裁一块 99cm 见方的正方形印花布。把步骤 2 中缝好的两条由八个方块组成的布条与它正面相对，分别缝在相对的两条边上。先用珠针固定，然后机缝，最后劈开缝份。

4. 把步骤 2 中做好的剩下两块布条与步骤 3 中的成品正面相对，将它们分别放在剩下的两条边上。放的时候要确保每个方块与和它相邻方块的花色不同，先用珠针固定，然后机缝，最后劈开缝份。

5. 裁一块 123cm 见方的格子布，用作衬里。使它和步骤 4 中的成品正面相对，布边对齐，先用珠针固定，然后机缝，在其中一条边留 20cm 左右的返口。修剪多余的边角，把野餐垫的正面翻出来。

6. 把野餐垫熨平，手工将返口缝合。

7. 把野餐垫正面朝上放在工作台上，将罗缎围着主布料和边布之间的缝线绕一圈，边绕边用珠针固定，先疏缝，后机缝。转角的时候注意将罗缎处理好，使其保持整洁。

8. 裁四条长 22cm 的罗缎，并把它们的两端缝在一起，做成环状。再裁四条长 6cm 的罗缎，把它们缠绕在刚才做好的丝带环的中间，做成四个蝴蝶结，在每个蝴蝶结的背面缝几针加固。如图，把蝴蝶结分别缝在餐垫上罗缎的四个拐角处，漂亮的野餐垫就大功告成了！

宠物篮

制作时间：3 小时

这款可爱的宠物篮将会成为宠物们最温暖舒适的床。本书中的尺寸是为猫咪或体形较小的狗狗设计的，你也可以对篮子的尺寸加以调整，使它适应体型更大的狗狗。篮子里的玩具是用小碎布做的，把它用一条绳子拴起来，这样，你的宠物既有了玩伴，你又不用担心它把玩具弄得不知所踪了。如果养的是猫咪，还可以在玩具里填充一些猫薄荷。

材料及工具
长1m的印花布
图样纸
铅笔和绳子
图钉
本书第171页的图样
缝纫机以及粗细合适的缝纫线
碎布头（用以制作玩具）
填充物
两个小号纽扣
长20cm的丝带（用以制作蝴蝶结）
厚的、可机洗的软填料

注意：除特别说明外，本作品均需留出1.5cm的缝份。

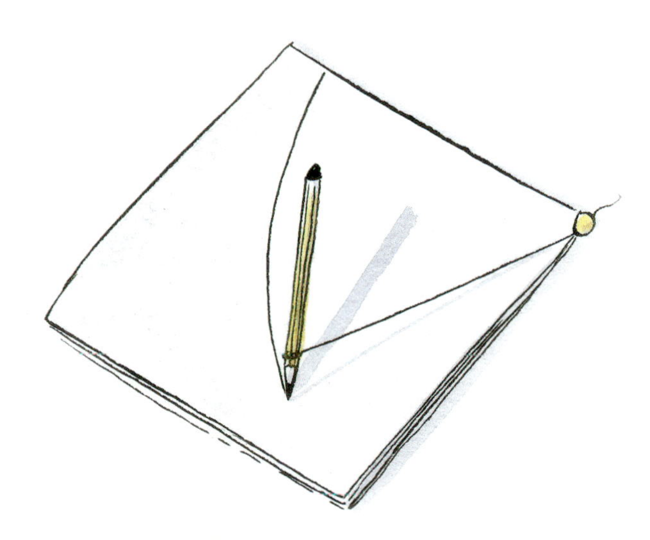

1. 把一张正方形的纸对折，然后再对折一次，于是纸就被分成了四个大小相同的正方形。在铅笔上绑一根绳子，用图钉把绳子钉在刚才对折的点上，将图钉和铅笔之间的距离固定为 24cm，这样，我们就做成了一个简易圆规。将绳子绷紧，在纸上画 1/4 个圆，然后裁下，展开后的圆就是篮子底部的纸样。把纸样放在双层印花布上，沿着纸样将布裁下。

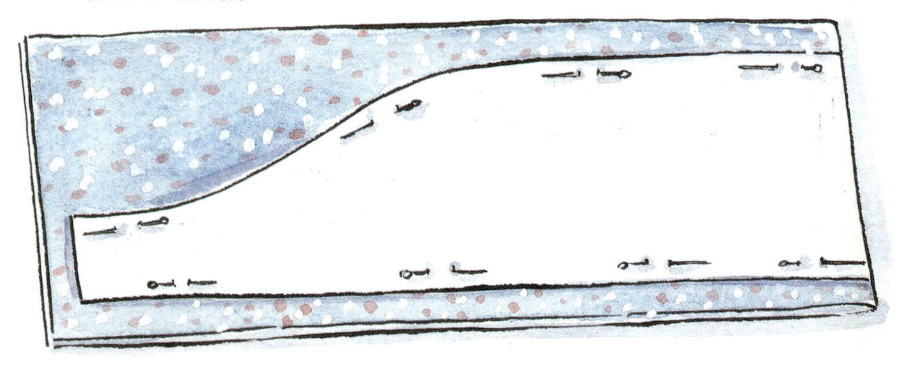

2. 把本书第 171 页中用作侧面部分的图样放大到 400%，并将它描到图样纸上裁下。如图，把纸样放到双层布料上，用珠针固定好后，沿纸样裁下。使布料正面相对，横向对折，先用珠针将末端固定，然后机缝，最后劈开缝份。

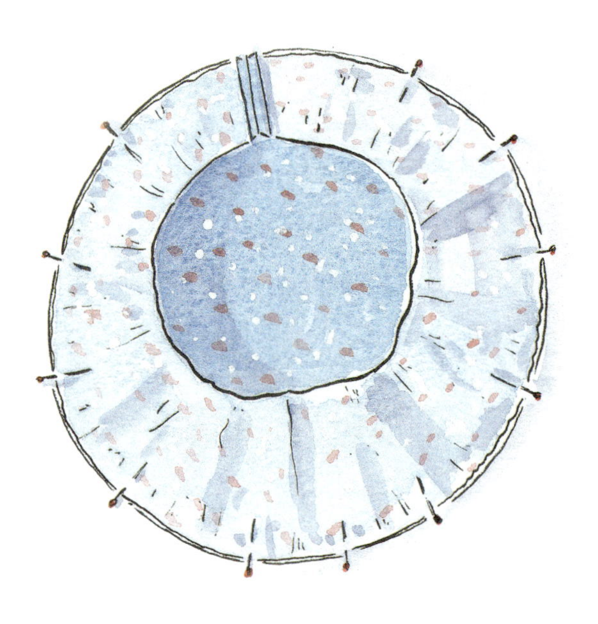

3. 使步骤 2 中的成品和篮子的底部正面相对，先用珠针固定，然后机缝。沿缝线的四周微微修剪，然后，劈开缝份。

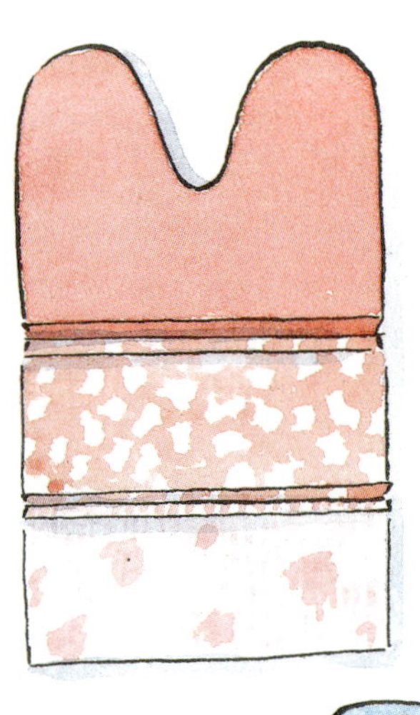

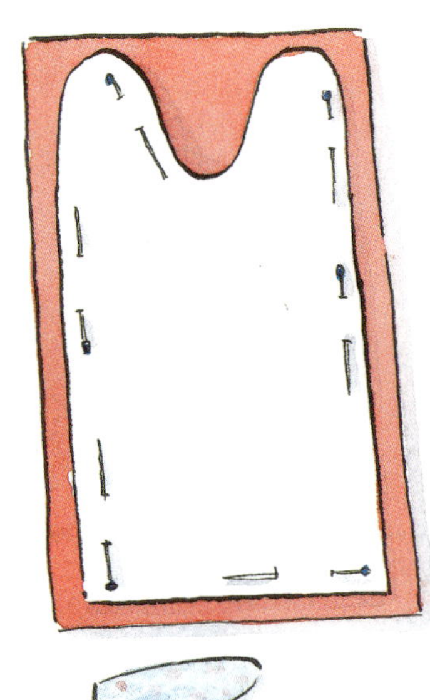

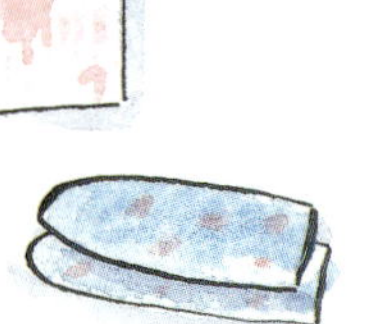

4. 制作玩具。裁一块 9cm×13cm 的素色布料、一块 5cm×13cm 的印花布和一块 6cm×13cm 的印花布。使布条的正面相对，先用珠针固定，然后机缝。把本书第 171 页的玩具图样描到纸上并裁下。用珠针将纸样固定到刚刚做好的拼布上，沿纸样裁下，再利用纸样裁一块素色布料。最后，在印花布上裁出玩具的双臂，一共裁四片。

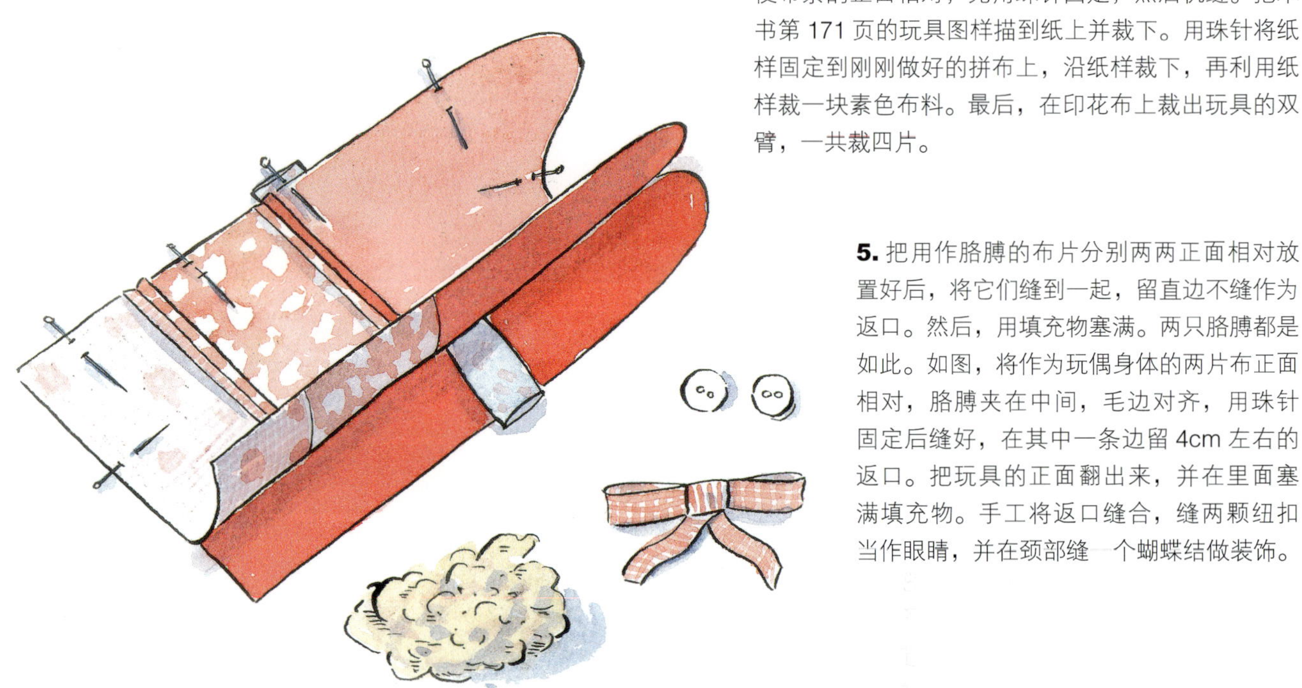

5. 把用作胳膊的布片分别两两正面相对放置好后，将它们缝到一起，留直边不缝作为返口。然后，用填充物塞满。两只胳膊都是如此。如图，将作为玩偶身体的两片布正面相对，胳膊夹在中间，毛边对齐，用珠针固定后缝好，在其中一条边留 4cm 左右的返口。把玩具的正面翻出来，并在里面塞满填充物。手工将返口缝合，缝两颗纽扣当作眼睛，并在颈部缝一个蝴蝶结做装饰。

6. 裁一块 78cm×6cm 的印花布。使布的反面相对，纵向对折，然后打开，将毛边折到中间的折痕处。沿长边机缝，缝的时候尽量靠近布的边缘。

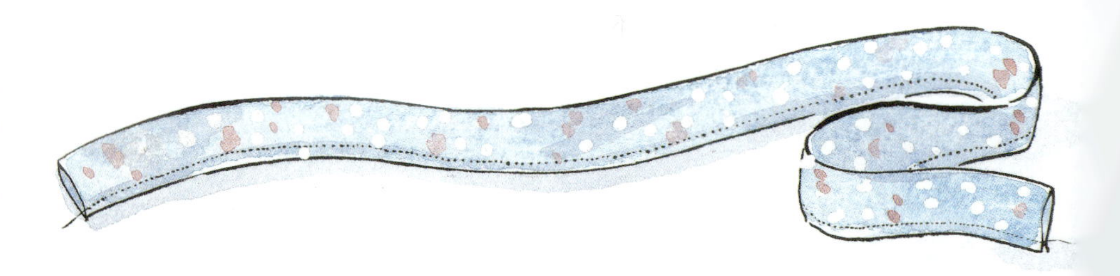

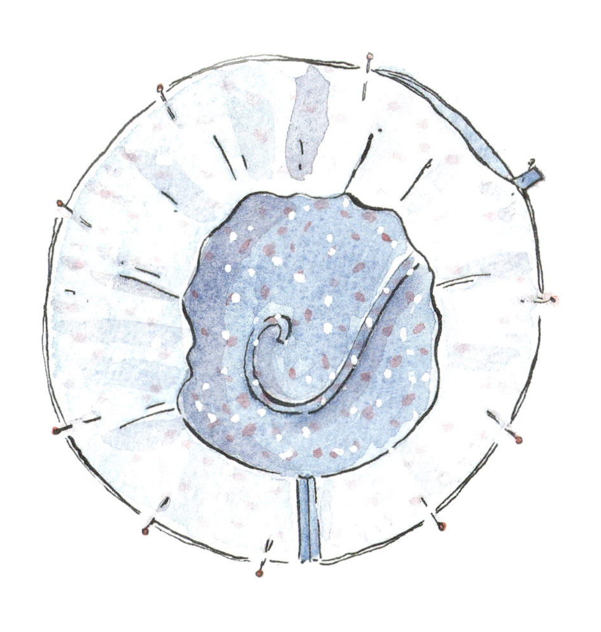

7. 用本书第 171 页的图样，把篮子内部的侧面布片裁出来。使布的正面相对，用珠针将两个末端固定在一起，然后机缝，劈开缝份。用珠针把刚刚做好的侧面布片与另一块底面布料正面相对地固定在一起，并把步骤 6 中做好的布条夹在两者中间，用缝纫机缝好，留 20cm 左右的返口。沿缝线的四周微微修剪，然后熨平。

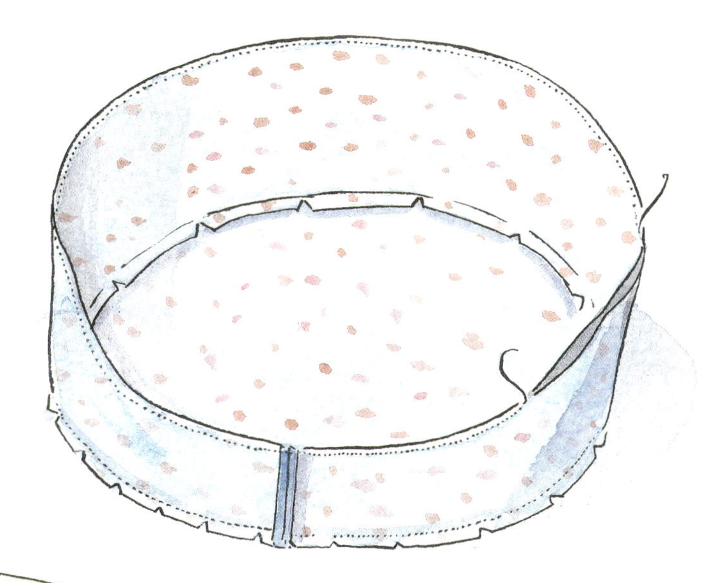

8. 把做好的内侧布和外侧布正面相对，用珠针固定并机缝。沿弧线稍稍修剪布边，把篮子的正面翻出来，最后熨平。

9. 用步骤 1 和步骤 2 中裁好的纸样把填充棉裁好，并通过刚才留的返口塞到篮子底部和侧边，手工将返口缝合。如图，把步骤 5 中做好的玩具娃娃缝在布条的一端。最后，用针线穿过篮子底部的所有夹层，将填充棉和表里布固定到一起，这样填充棉就不会乱动啦！

缝纫技巧以及图样

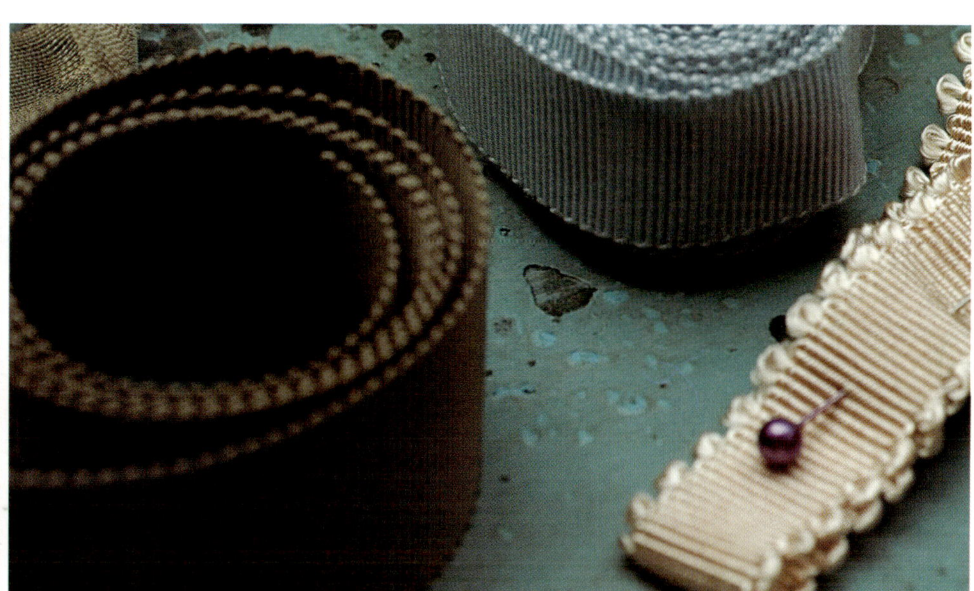

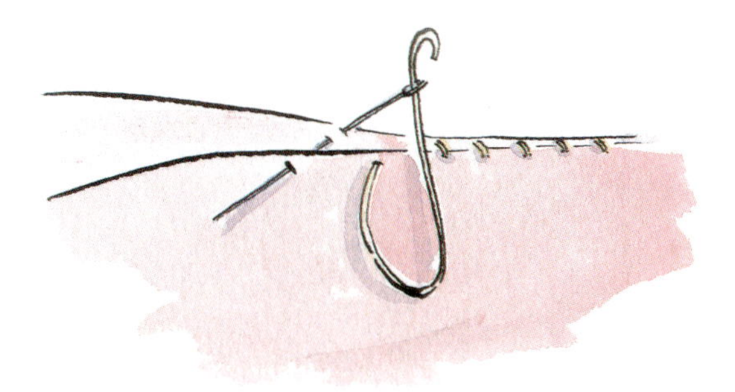

缝纫技巧

你只需要学会最简单的缝纫技巧，就能制作本书中的拼布作品了。你不必大费周章就能把房间装饰得美观大方且别具一格。需要的缝纫工具也非常少：用来裁剪布料和线的锋利剪刀、不同规格的缝纫针、珠针、画粉、描图纸、铅笔或布绘笔以及具有基本功能的缝纫机。

如何运用纸样与图样

本书中的不少作品都需要用到纸样。有了这些纸样，你才能在布上画出想要的图案，并把它裁出来。

把图样放大到合适的尺寸

尽管本书中的许多图样都是按照实际尺寸印制的，但是为了将来制作起来更方便，你还是得先学会放大图样的方法。

首先，你得先确定一点：你希望成品上的图案看起来有多大呢？举个例子，现在你希望成品高 50cm。

然后，测量一下书中给出图样的高度。假如书中的图样高 25cm。

用期望中的图样高度（50cm）除以书中的图样高度（25cm），得出的值再乘以 100%，于是得出了 200% 这个数字。因此，你需要用复印机把图样放大到 200% 再开始制作。

把图样缩小到合适的尺寸

如果你希望在成品中的图案比书本中看到的要小，计算过程与上面是相同的。举个例子，书本中的图样高 25cm，而你希望成品高 20cm，那么，用期望的图样高度（20cm）除以书中的图样高度（25cm），得出的值再乘以 100%，于是得出了 80% 这个数字。因此，你需要用复印机把图样缩小到 80% 再开始制作。

制作纸样

制作纸样的第一步就是把图样缩放到需要的尺寸。接下来的步骤如下：

1. 用粗一点的深色铅笔把图案描到描图纸上。

2. 把描图纸反过来铺到卡纸上，在描图纸背面，沿着刚刚画好的轮廓用铅笔涂画，把图案转印到卡纸上。

3. 最后，将切割垫垫在纸板下面，用剪刀或美工刀把转印的图案裁下，纸样就做好了。把纸样放到选好的布料上，用画粉或布绘笔把图样画到布料上，你就能裁出想要的图案了。

手工缝纫的技巧

以下是一些将两块布料拼接在一起的最常见的手工缝纫技巧。

疏缝

疏缝是指，在正式缝纫之前，暂时把布的位置固定的缝纫方法。当你正式把它缝好之后，就可以拆除疏缝线了。疏缝时，最好选用对比色的线，这样拆的时候也比较方便。

平针

平针是最简单的手工缝纫方法，它经常用于制作褶皱花边。

你需要从右向左缝。

如图，针从 a 点向上穿到布的正面，在 b 点把针头向下穿到布的背面，在 c 点再次将针从布的背面穿出来。如此重复上面的步骤。

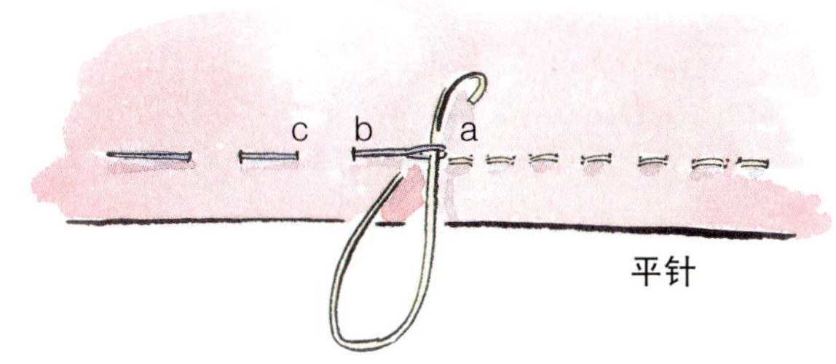

平针

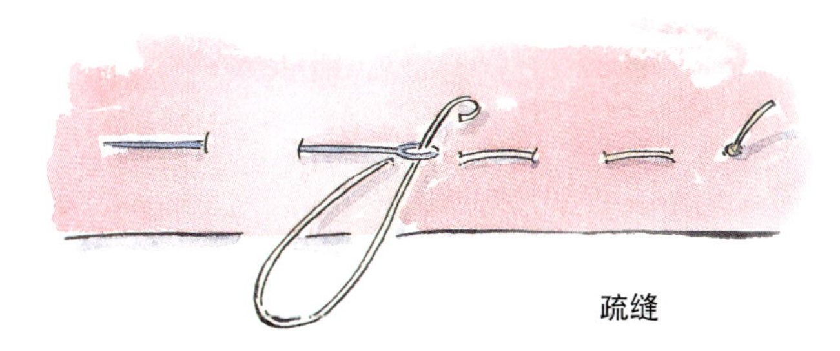

疏缝

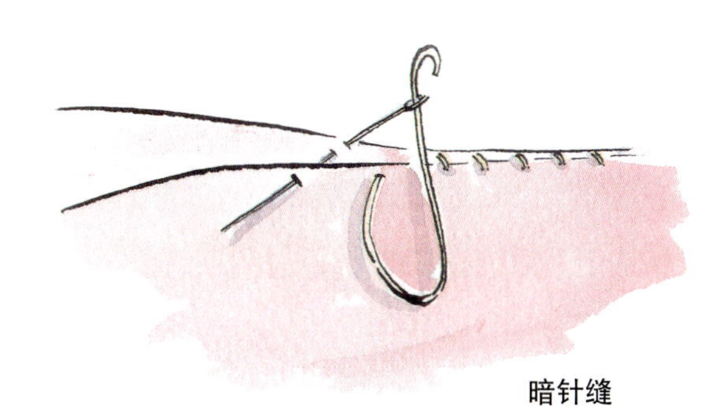

暗针缝

暗针缝

用暗针缝出来的线迹不易被人察觉，是卷边的简单方法，也经常被用来缝合返口。例如，制作抱枕套时为了把正面翻出来而留的返口。它的具体做法如下：

你需要从右向左缝。

把针滑到两层布的中间，把针从上面的那层布靠近布边的地方穿出来，这样绳结就被藏在两层布之间了。将针穿过下面的那层布一次或两次，然后往前移动一小段距离，在上面那层布的顶端再次穿出，如此重复。

扣合材料

纽扣和拉链是常用的扣合材料。现代缝纫机的出现，使做扣眼和缝拉链都变得轻而易举。

用缝纫机制作扣眼

不同型号的缝纫机，做扣眼的方法也略有差异，请仔细参照说明书上的方法去做。下面介绍一下大概的步骤：

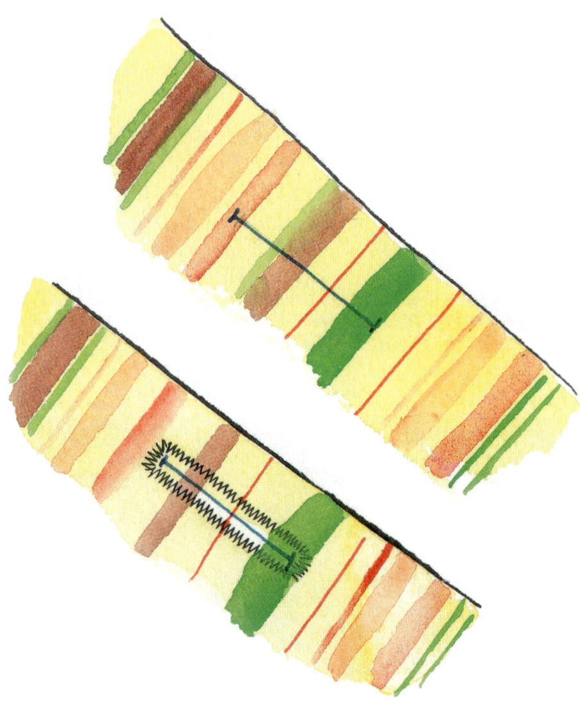

1. 如图，在布料上用画粉或其他记号笔把扣眼的位置标出来。沿着标记用缝纫机车一圈紧密的锯齿形针迹。绝大多数缝纫机都有专门缝制扣眼用的压脚，你可以轻而易举地完成这个步骤。

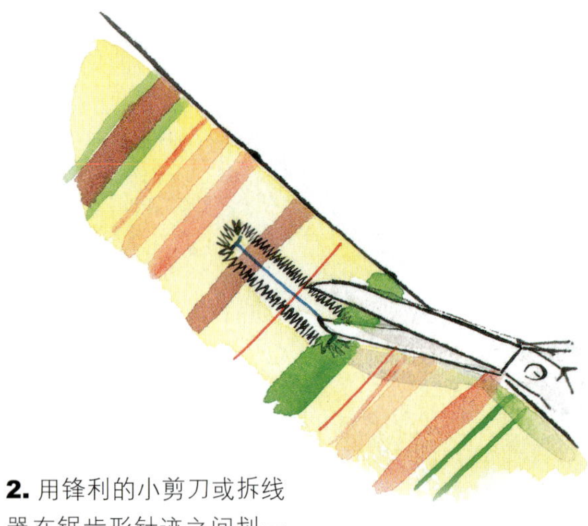

2. 用锋利的小剪刀或拆线器在锯齿形针迹之间划一个狭长的小口。

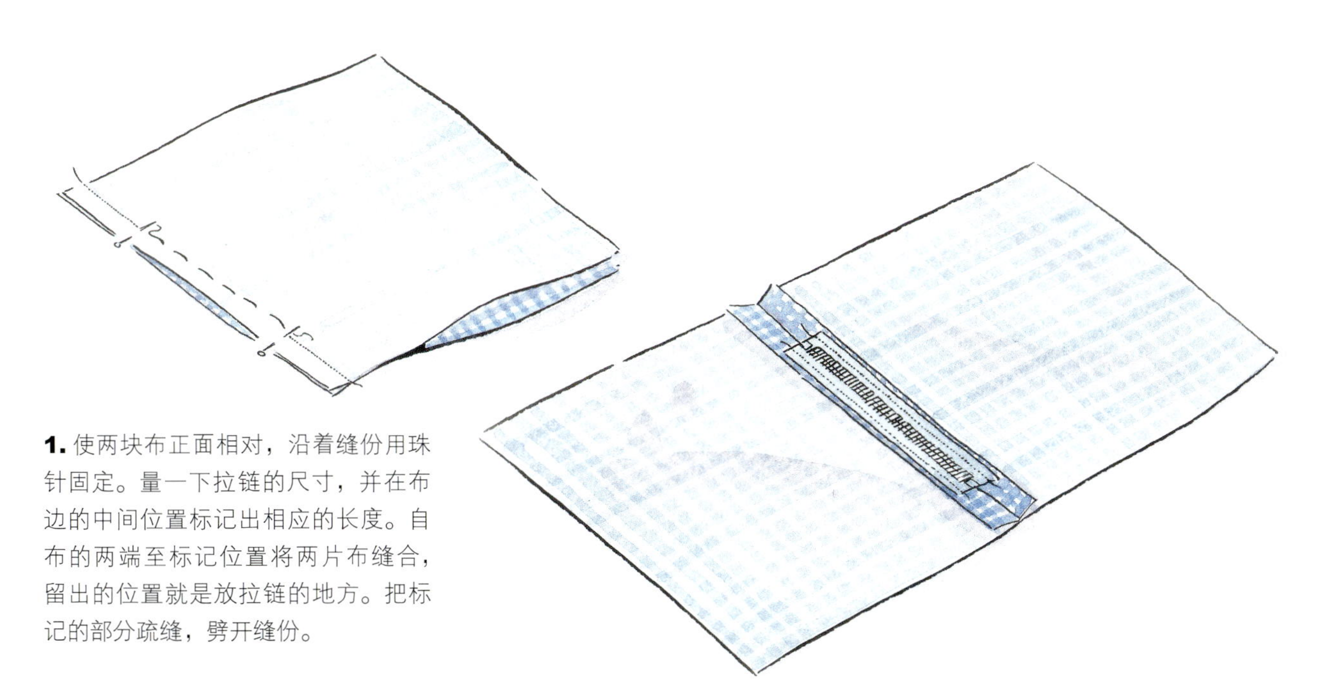

1. 使两块布正面相对，沿着缝份用珠针固定。量一下拉链的尺寸，并在布边的中间位置标记出相应的长度。自布的两端至标记位置将两片布缝合，留出的位置就是放拉链的地方。把标记的部分疏缝，劈开缝份。

2. 如图，把布料的反面朝上，将拉链正面朝下放在刚才疏缝的部分，并将其疏缝到缝份上。用缝纫机的拉链压脚将拉链缝到布料上，注意针脚应该均匀分布并且穿过拉链的两端。拆掉疏缝线并拉开拉链。

图样

剪裁纸样时在各边留出 1.5cm 的缝份。

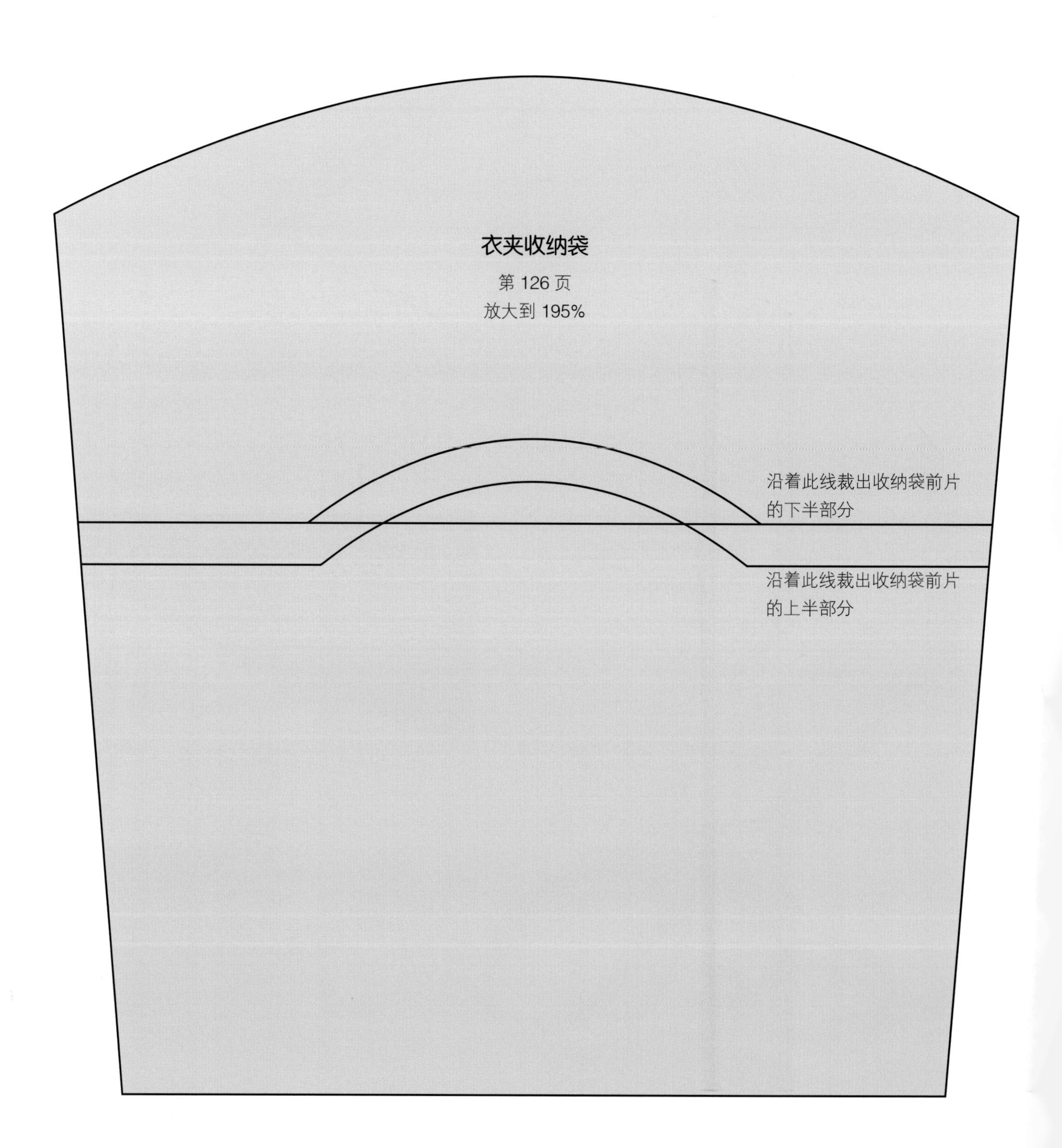

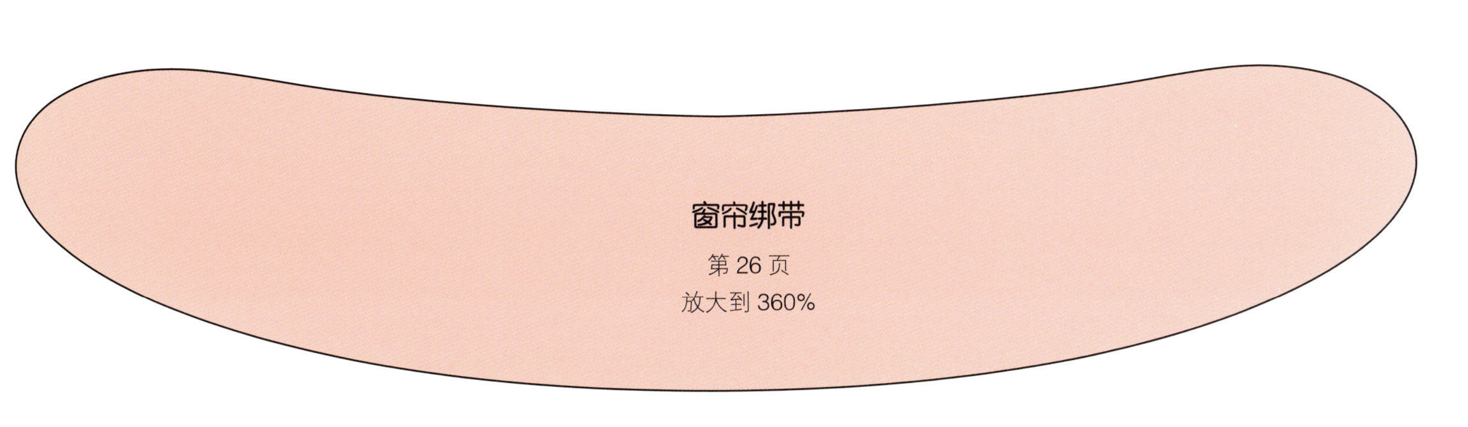
窗帘绑带
第 26 页
放大到 360%

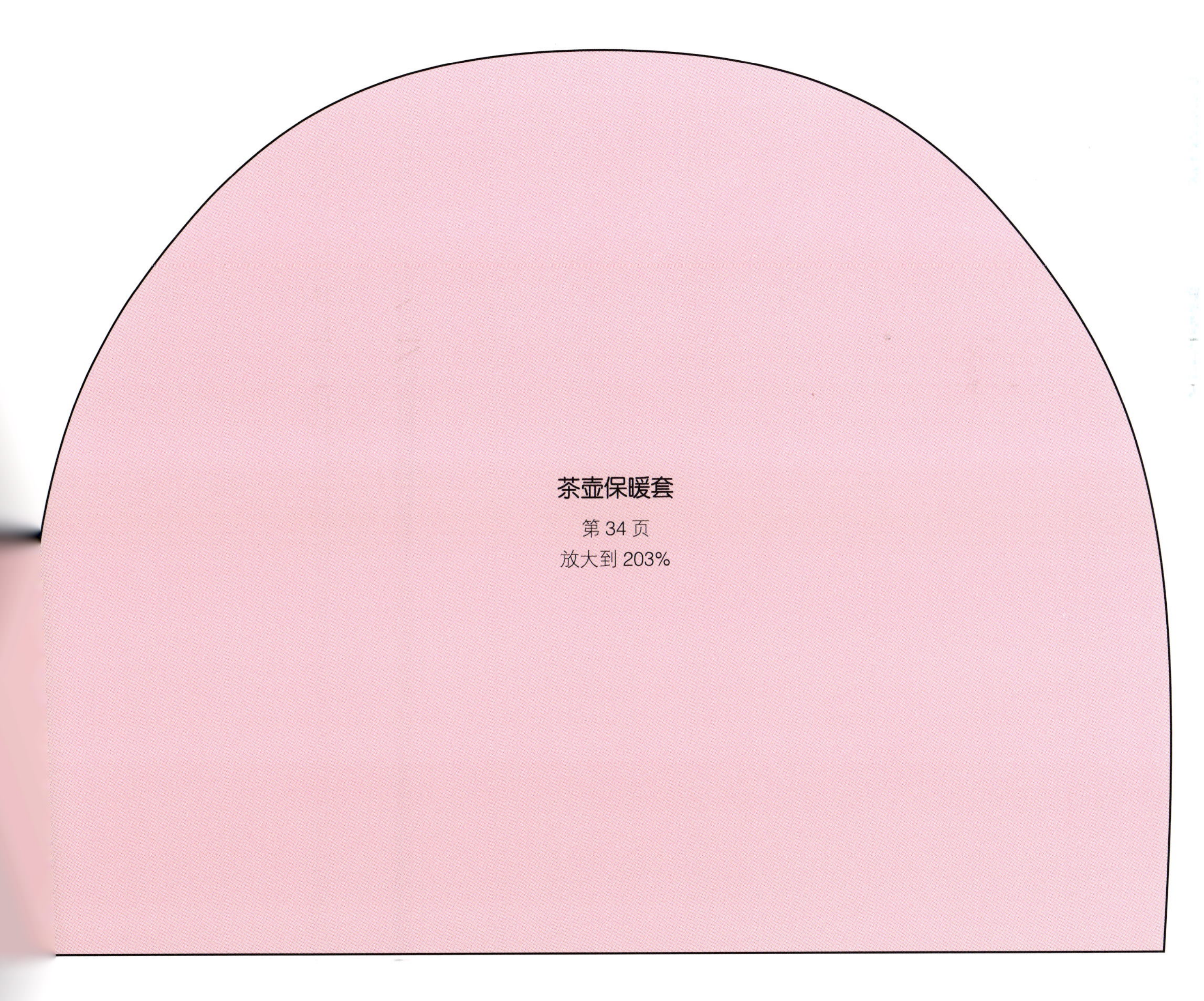
茶壶保暖套
第 34 页
放大到 203%

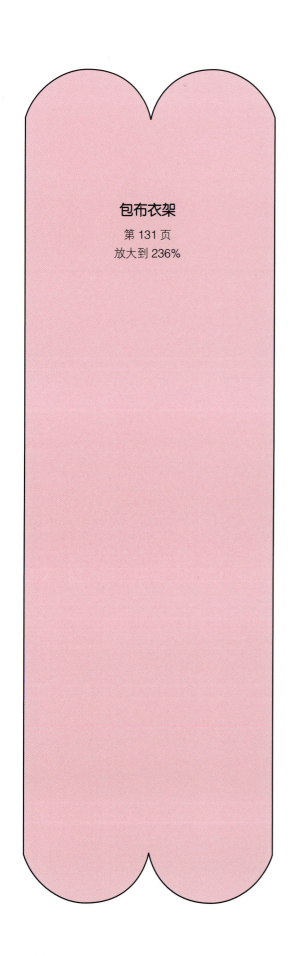
包布衣架
第 131 页
放大到 236%

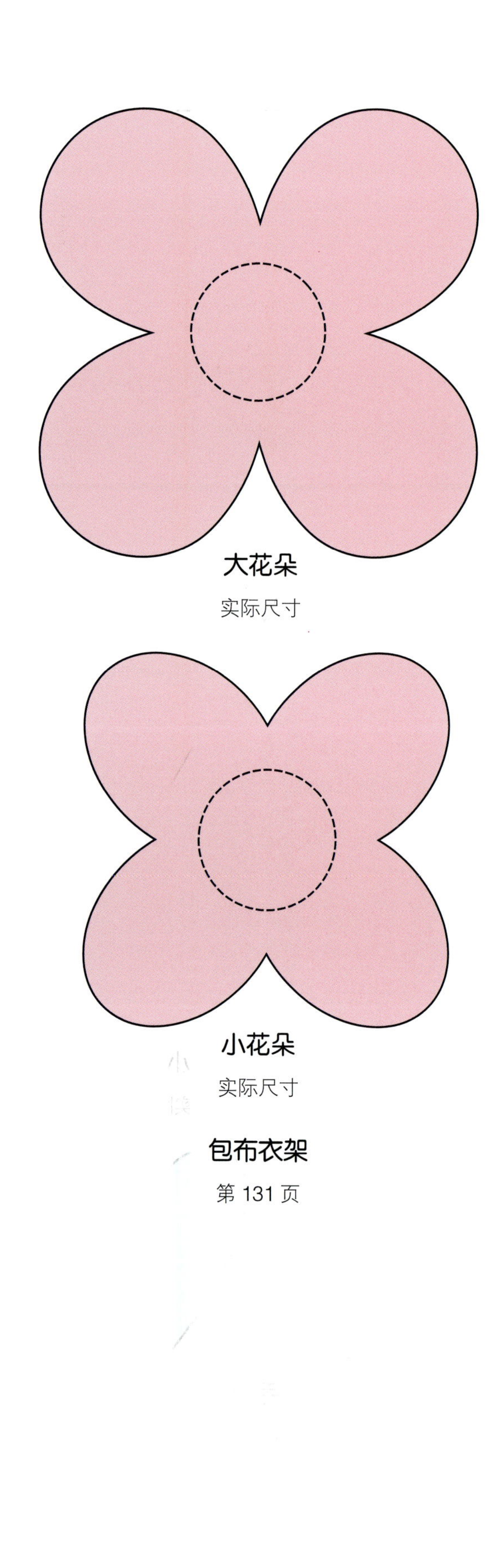
大花朵
实际尺寸
小花朵
实际尺寸
包布衣架
第 131 页

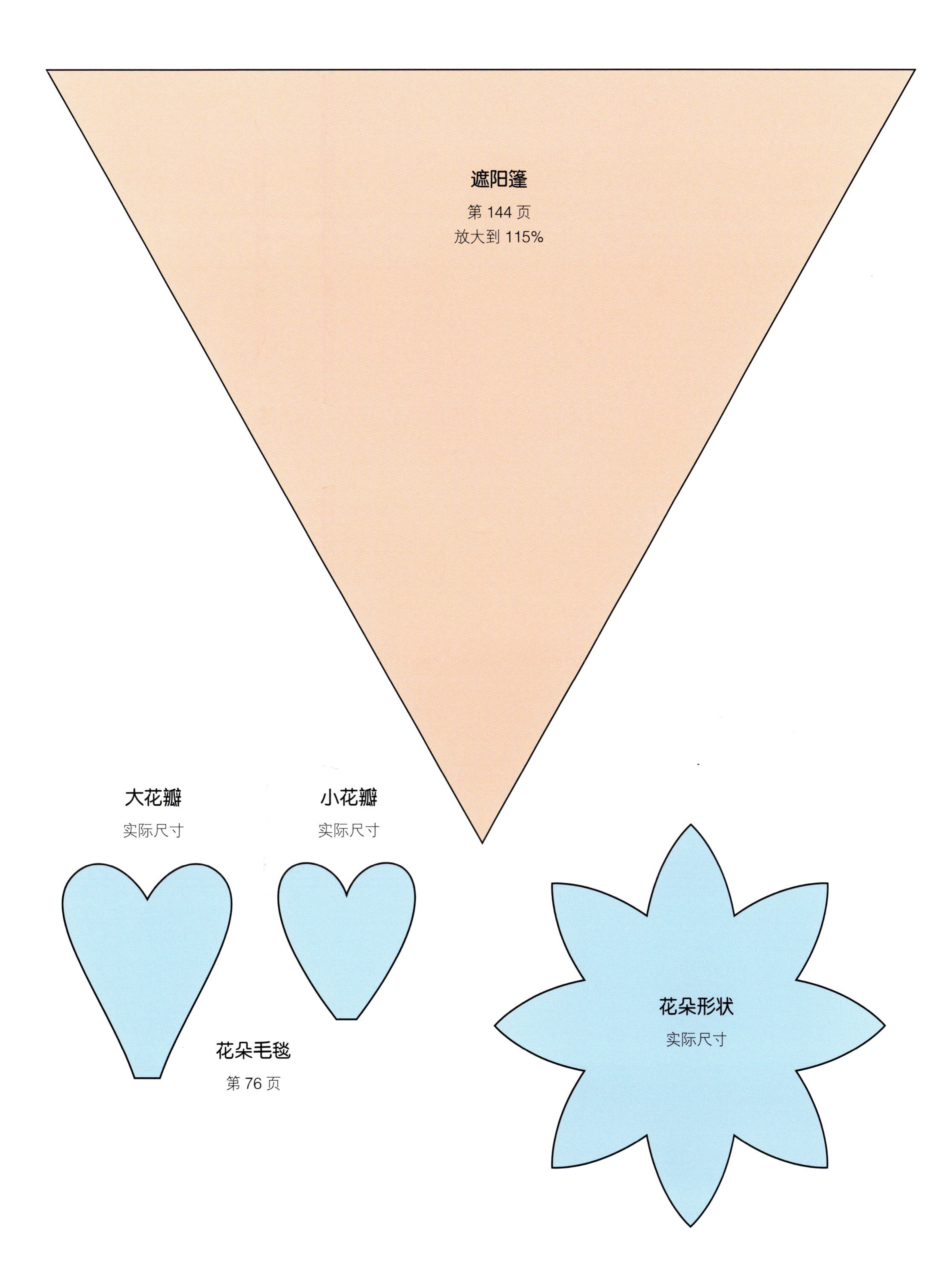
遮阳篷
第 144 页
放大到 115%
大花瓣
实际尺寸
小花瓣
实际尺寸
花朵毛毯
第 76 页
花朵形状
实际尺寸

儿童帐篷游戏屋

第 148 页

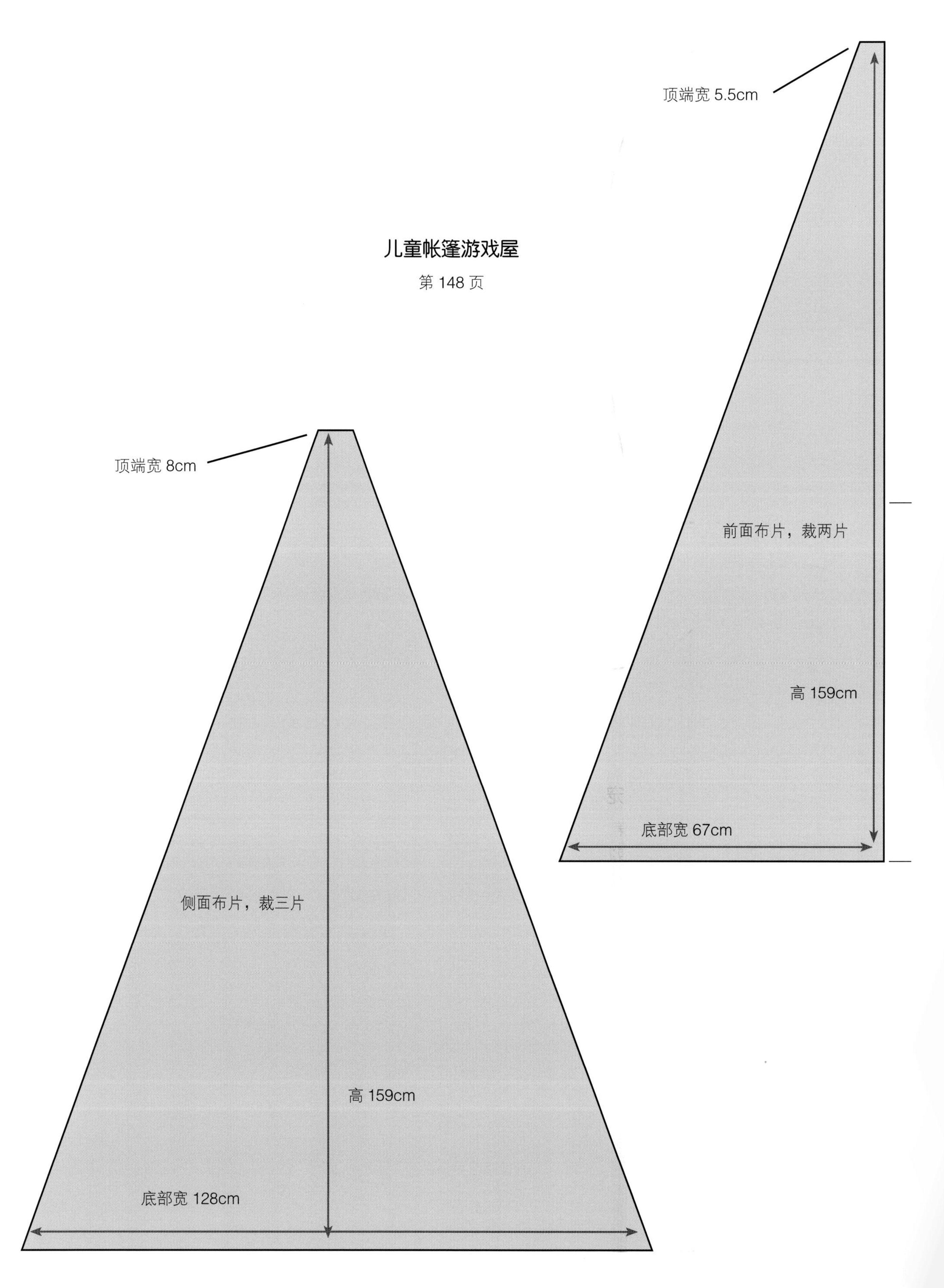

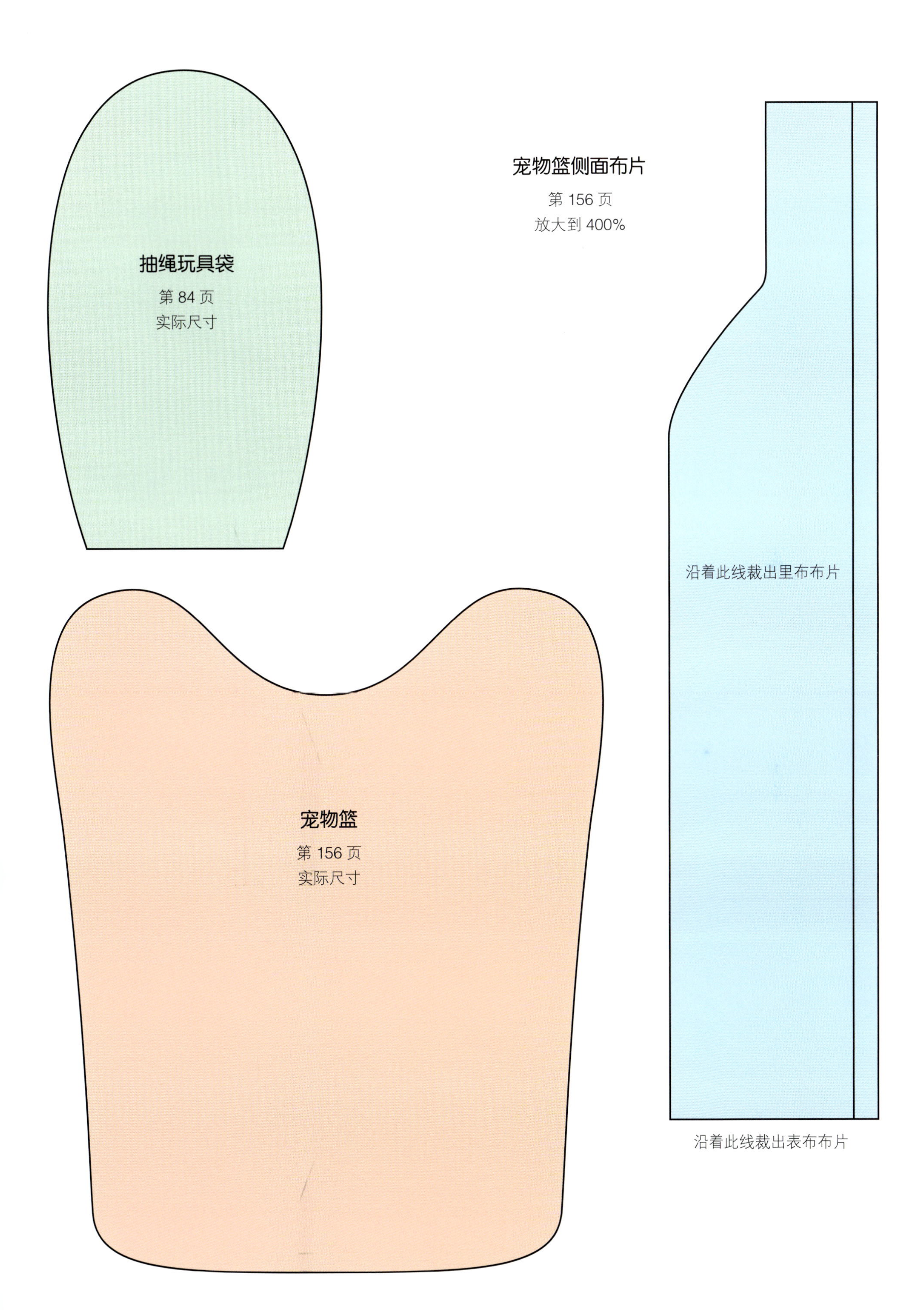
宠物篮侧面布片
第 156 页
放大到 400%
抽绳玩具袋
第 84 页
实际尺寸
沿着此线裁出里布布片
宠物篮
第 156 页
实际尺寸
沿着此线裁出表布布片

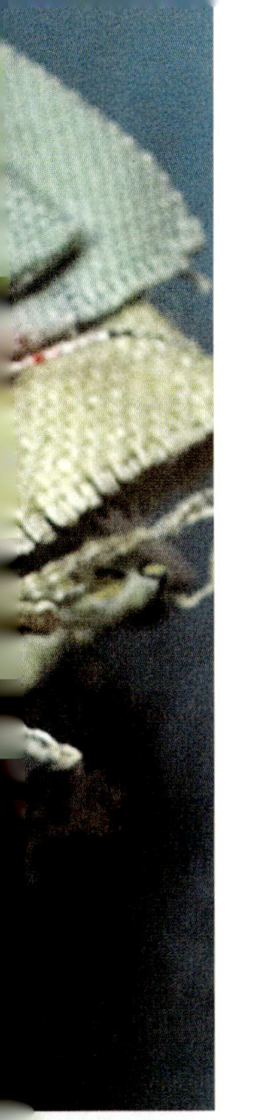

特别鸣谢

首先，我想感谢曾为本书付出辛勤劳动的所有朋友。谢谢戴比·帕特森精湛的摄影技术，是你让书中的插图变得如此可爱。谢谢编辑莎拉·郝格特的冷静与细致，谢谢麦克尔·希尔给本书添加了生动的注解，还要谢谢大卫·弗德曼精彩绝伦的设计。我还要感谢CICO的萨利·鲍威尔给我无尽的帮助与支持，谢谢辛迪·理查德斯给了我出版这本书的机会。谢谢以上诸位，是你们使我在出书的过程中感到如此愉悦，我很享受这一过程。

谢谢玛丽亚·达尔借给我这么多可爱的拍照道具。非常非常感谢劳利与我们分享了这么多漂亮的布料、丝带、纽扣等材料，还要谢谢你一直以来对这本书进度的关心。我更要谢谢我可爱的女儿们，格蕾西和贝蒂，你们是我的缪斯女神，正因为有你们，我才有了源源不断的灵感和创作热情，你们是我心目中的明星！

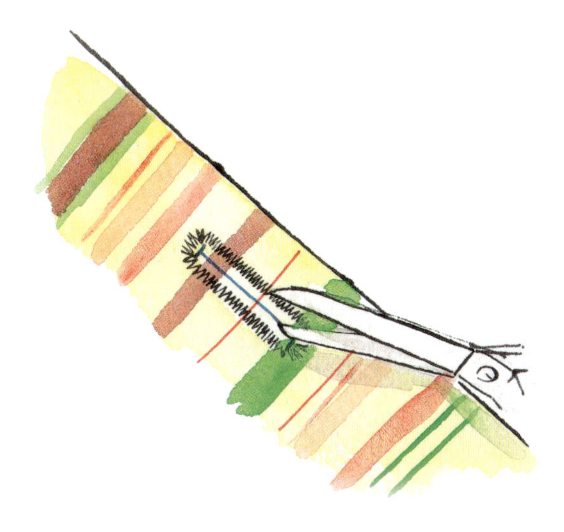

图书在版编目（CIP）数据

生活处处有拼布 /（英）哈迪著；赵佳荟译．—北京：华夏出版社，2015.2
书名原文：Sewing in no time
ISBN 978-7-5080-8288-2

Ⅰ．①生…　Ⅱ．①哈…　②赵…　Ⅲ．①布料－手工艺品－制作　Ⅳ．①TS973.5

中国版本图书馆 CIP 数据核字（2014）第 260400 号

First published in the United Kingdom under the title Sewing In No Time by CICO Books, an imprint of Ryland Peters & Small Limited 20–21 Jockey's Fields London WC1R 4BW

北京市版权局著作权合同登记号：图字 01-2013-0266

生活处处有拼布

作　　者：（英）艾玛・哈迪
译　　者：赵佳荟
责任编辑：尾尾鱼　布　布
美术编辑：殷丽云
责任印制：刘　洋

出版发行：华夏出版社
经　　销：新华书店
印　　刷：北京华宇信诺印刷有限公司
装　　订：三河市少明印务有限公司
版　　次：2015 年 2 月北京第 1 版　2015 年 2 月北京第 1 次印刷
开　　本：889 × 1194　1/16 开
印　　张：11
字　　数：60 千字
定　　价：59.80 元

华夏出版社　网址：www.hxph.com.cn　地址：北京市东直门外香河园北里 4 号　邮编：100028
本版图书如有印装质量问题，请与我社营销中心调换。电话：010-64677853

闲时光系列 ......

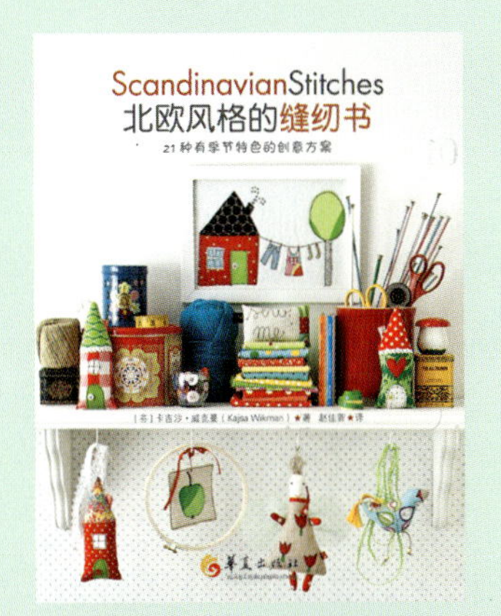

北欧风格的缝纫书

实用拼布指南

正反面都漂亮的手编围巾

大人旧衣轻松改成宝宝装

简单可爱的亲亲宝宝针织衣

钩编可爱复古风坐垫

雅致的单色绣・蓝色

雅致的单色绣・黑色

恋上法式十字绣 甜蜜的家

恋上法式十字绣 童年的记忆

在家做 100% 超抗菌清洁液体皂

跟着乔叔做渲染皂